建筑工程施工质量标准化指导丛书

建筑屋面工程和地面工程细部做法

中铁建设集团有限公司　主编

中国建筑工业出版社

图书在版编目（CIP）数据

建筑屋面工程和地面工程细部做法/中铁建设集团有
限公司主编. —北京：中国建筑工业出版社，2017.3
（建筑工程施工质量标准化指导丛书）
ISBN 978-7-112-20582-0

Ⅰ.①建… Ⅱ.①中… Ⅲ.①屋面工程-工程施工-
标准化②地面工程-工程施工-标准化 Ⅳ.①TU765-65
②TU767.4-65

中国版本图书馆CIP数据核字（2017）第048361号

本书包括屋面工程和楼地面工程两章。第1章屋面工程包括：屋面工程施工相关规范标准；强制性条文；一般规定；屋面工程策划；基层与保护工程；保护层与隔离层；保温层和隔热层；防水与密封工程；瓦面与板面工程；细部构造工程；屋面工程验收。第2章楼地面工程包括：楼地面工程主要相关规范标准；强制性条文；基本要求；基层铺设；整体面层铺设；板块面层铺设；木、竹面层铺设；汽车坡道。

责任编辑：付 娇 辛海丽
责任校对：李美娜 关 健

建筑工程施工质量标准化指导丛书
建筑屋面工程和地面工程细部做法
中铁建设集团有限公司 主编
*
中国建筑工业出版社出版、发行（北京海淀三里河路9号）
各地新华书店、建筑书店经销
霸州市顺浩图文科技发展有限公司制版
北京利丰雅高长城印刷有限公司印刷
*
开本：787×1092毫米 1/16 印张：9¾ 字数：237千字
2017年4月第一版 2018年4月第二次印刷
定价：**58.00**元
ISBN 978-7-112-20582-0
（30247）

本 书 编 委 会

主任委员：汪文忠　赵　伟

委　　　员：贾　洪　吴成木　吴永红　贾学斌　赵向东　钱增志
　　　　　　李　菲　李秋丹　方宏伟　金　飞　刘　政　张学臣
　　　　　　胡　炜　周桂云　刘明海　邢世春　武利平　韩　锋
　　　　　　罗力勤　乔　磊　白　鸽

主　　　编：贾　洪　钱增志　方宏伟

主要编审人员

电气安装工程：林巨鹏　江期洪　倪晓东　范仿林　赵　淼　刘　勇

设备安装工程：李长勇　卫燕飞　楚鹏阳　黄洪宇　田　菲　曹鹏鹏
　　　　　　　杨金国　张丽平

结　构　工　程：张帅奇　张加宾　林　柘　邓玉萍　吴东浩　许　雷

装饰装修工程：张帅奇　刘神保　杨春光　段毅斌　朱　辉　武利平
　　　　　　　江期洪　喻淑国　陈继云　顾志勇　冯磊杰　乔铁甫
　　　　　　　孟　达　张加宾

建筑屋面工程和地面工程：张帅奇　张加宾　姜大力

幕　墙　工　程：张帅奇　胡中宜　邵洪海　董　国　敖韦华　杨小虎
　　　　　　　张加宾

主编单位：中铁建设集团有限公司
　　　　　中国建筑业协会工程质量管理分会
　　　　　中铁建设集团设备安装有限公司
　　　　　北京中铁装饰工程有限公司
　　　　　中铁建设集团北京工程有限公司

前　言

2016年3月5日，在第十二届全国人民代表大会第四次会议上，中共中央政治局常委、国务院总理李克强在《政府工作报告》中指出，改善产品和服务供给要突出抓好提升消费品品质、促进制造业升级、加快现代服务业发展三个方面。鼓励企业开展个性化定制、柔性化生产，培育精益求精的工匠精神，增品种、提品质、创品牌。中铁建设集团作为"世界500强"——中国铁建股份有限公司的全资子公司，成立38年来秉承"安全是天，质量是根"的理念，践行"周密策划、精心建造、优质高效、实现承诺"的质量方针，坚持"双百"方针，持续推进工序质量标准化体系的建设，经过近十年的总结和探索，逐步总结形成了引领企业品质升级的工程质量标准化指导丛书。

本次出版的工程质量标准化指导丛书共六册，涵盖了房建工程9个分部、62个子分部、305个分项工程内容，编制时主要依据国家、行业规范、规程以及国标图集，以直观、明确、规范为目的，采用图文结合的编写形式，针对分部分项工程的关键工序或影响建筑结构安全、使用功能和观感质量的环节，采用一张或多张构造图或图片对应展示，并对其标准做概括性描述，力求简明扼要。

丛书在编制过程中得到了中国建筑业协会、中国铁建股份有限公司、北京市住房和城乡建设委员会等单位和各级领导的关怀，得到了业内多家知名企业的帮助，在此表示感谢。由于编者水平有限，难免存在疏漏欠妥之处，读者在阅读和使用过程中请辩证采纳书中观点，并殷切希望和欢迎提出宝贵意见，编审委员会将认真吸取，以便再版时厘定和补正。

编审委员会

目　　录

第1章 屋 面 工 程

1 屋面工程施工相关规范标准

本条所列的是与屋面工程施工相关的主要国家和行业标准，也是项目部须根据需要配置的，且在施工中经常查看的规范标准。地方标准由于各地要求不一致，未进行列举，但在各地施工时必须参考。

《屋面工程质量验收规范》GB 50207

《屋面工程技术规范》GB 50345

《坡屋面工程技术规范》GB 50693

《种植屋面工程技术规程》JGJ 155

《倒置式屋面工程技术规程》JGJ 230

《采光顶与金属屋面技术规程》JGJ 255

《单层防水卷材屋面工程技术规程》JGJ/T 316

《平屋面建筑构造》J 201

《关于进一步明确民用建筑外保温材料消防监督管理有关要求的通知》公消〔2011〕65号

《民用建筑外保温系统及外墙装饰防火暂行规定》公通字〔2009〕46号

2 强制性条文

2.1 《屋面工程质量验收规范》GB 50207—2012 强制性条文

（1）（第3.0.6条）屋面工程所用的防水、保温材料应有产品合格证和性能检测报告，材料的品种、规格、性能等必须符合国家现行产品标准和设计要求。产品质量应由经过省级以上建设行政主管部门对其资质认可和质量监督部门对其计量认证的质量检测单位进行检测。

（2）（第3.0.12条）屋面防水完工后，应进行观感质量检查和雨后观察或淋水、蓄水试验，不得有渗漏和积水现象。

（3）（第5.1.7条）保温材料的热导系数、表观密度或干密度、抗压强度或压缩强度、燃烧性能，必须符合设计要求。

（4）（第7.2.7条）瓦片必须铺置牢固。在大风及地震设防地区或屋面坡度大于100%时，应按设计要求采取固定加强措施。

检验方法：观察或手扳检查。

2.2 《屋面工程技术规范》GB 50345—2012 强制性条文

（1）（第3.0.5条）屋面防水工程应根据建筑物的类别、重要程度、使用功能要求确定防水等级，并按相应等级进行防水设防；对防水有特殊要求的建筑屋面，应进行专项防水设计。屋面防水等级和设防要求应符合表3.0.5的规定。

屋面防水等级和设防要求 表3.0.5

防水等级	建筑类别	设防要求
Ⅰ级	重要建筑和高层建筑	两道防水设防
Ⅱ级	一般建筑	一道防水设防

（2）（第4.5.1条）卷材、涂膜屋面防水等级和防水做法应符合表4.5.1的规定。

卷材、涂膜屋面防水等级和防水做法 表4.5.1

防水等级	防水做法
Ⅰ级	卷材防水层和卷材防水层、卷材防水层和涂膜防水层、复合防水层
Ⅱ级	卷材防水层、涂膜防水层、复合防水层

注：在Ⅰ级屋面防水做法中，防水层仅作单层卷材时，应符合有关单层防水卷材屋面技术的规定。

（3）（第4.5.5条）每道卷材防水层最小厚度应符合表4.5.5的规定。

每道卷材防水层最小厚度（mm） 表4.5.5

防水等级	合成高分子防水卷材	高聚物改性沥青防水卷材		
		聚酯胎、玻纤胎、聚乙烯胎	自粘聚酯胎	自粘无胎
Ⅰ级	1.2	3.0	2.0	1.5
Ⅱ级	1.5	4.0	3.0	2.0

（4）（第4.5.6条）每道涂膜防水层最小厚度应符合表4.5.6的规定。

每道涂膜防水层最小厚度（mm） 表4.5.6

防水等级	合成高分子防水卷材	聚合物水泥防水涂膜	高聚物改性沥青防水涂膜
Ⅰ级	1.5	1.5	2.0
Ⅱ级	2.0	2.0	3.0

（5）（第4.5.7条）复合防水层最小厚度应符合表4.5.7的规定。

复合防水层最小厚度 表4.5.7条

防水等级	合成高分子防水卷材＋合成高分子防水涂膜	自粘聚合物改性沥青防水卷材（无胎）＋合成高分子防水涂膜	高聚物改性沥青防水卷材＋高聚物改性沥青防水涂膜	聚乙烯丙纶卷材＋聚合物水泥防水胶结材料
Ⅰ级	1.2＋1.5	1.5＋1.5	3.0＋2.0	(0.7＋1.3)×2
Ⅱ级	1.0＋1.0	1.2＋1.0	3.0＋1.2	0.7＋1.3

（6）（第4.8.1条）瓦屋面防水等级和防水做法应符合表4.8.1的规定。

瓦屋面防水等级和防水做法 表4.8.1

防水等级	防水做法
Ⅰ级	瓦＋防水层
Ⅱ级	瓦＋防水垫层

（7）（第4.9.1条）金属板屋面防水等级和防水做法应符合表4.9.1的规定。

金属板屋面防水等级和防水做法 表4.9.1

防水等级	防水做法
Ⅰ级	压型金属板＋防水垫层
Ⅱ级	压型金属板＋金属面绝热夹芯板

（8）（第5.1.6条）屋面工程施工必须符合下列安全规定：

① 严禁在雨天、雪天和五级风及以上时施工；

② 屋面周边和预留孔洞部位，必须按临边、洞口防护规定设置安全防护栏和安全网；

③ 屋面坡度大于30％时，应采取防滑措施；

④ 施工人员应穿防滑鞋，特殊情况下无可靠安全措施时，操作人员必须系好安全带并扣好保险钩。

2.3 《坡屋面工程技术规范》GB 50693—2011强制性条文

（1）（第3.2.10条）屋面坡度大于100％以及大风和抗震设防烈度为7度以上的地区，应采取加强瓦材固定等防止瓦材下滑的措施。

（2）（第3.2.17条）严寒和寒冷地区的坡屋面檐口部位应采取防冰雪融坠的安全措施。

（3）（第3.3.12条）坡屋面工程施工应符合下列规定：

① 屋面周边和预留洞部位必须设置安全防护栏和安全网或其他防止坠落的防护措施；

② 屋面坡度大于30％时，应采取防滑措施；

③ 施工人员应戴安全帽，系安全带和穿防滑鞋；

④ 雨天、雪天和五级风及以上时不得施工；

⑤ 施工现场应设置消防设施，并加强火源管理。

（4）（第10.2.1条）单层防水卷材的厚度和搭接宽度应符合表10.2.1-1和表10.2.1-2的规定：

单层防水卷材厚度（mm） 表10.2.1-1

防水卷材名称	一级防水厚度	二级防水厚度
高分子防水卷材	≥1.5	≥1.2
弹性体、塑性体改性沥青防水卷材	≥5	

单层防水卷材搭接宽度（mm） 表10.2.1-2

防水卷材名称	满粘法	机械固定费法			
		热风焊接		搭接胶带	
		无覆盖机械固定垫片	有覆盖机械固定垫片	无覆盖机械固定垫片	有覆盖机械固定垫片
高分子防水卷材	≥80	≥80 且有效焊缝宽度≥25	≥120 且有效焊缝宽度≥25	≥120 且有效粘接宽度≥75	≥200 且有效粘接宽度≥150
弹性体、塑性体改性沥青防水卷材	≥100	≥80 且有效焊缝宽度≥40	≥120 且有效焊缝宽度≥40	—	

2.4 《种植屋面工程技术规程》JGJ 155—2007 强制性条文

（1）（第3.0.1条）新建种植屋面工程的结构承载力设计，必须包括种植荷载。既有建筑屋面改造成种植屋面时，荷载必须在屋面结构承载力允许的范围内。

（2）（第3.0.7条）种植屋面防水层的合理使用年限不应少于15年。应采用两道或两道以上防水层设防，最上道防水层必须采用耐根穿刺防水材料。防水层的材料应相容。

（3）（第5.1.7条）花园式屋面种植的布局应与屋面结构相适应；乔木类植物和亭台、水池、假山等荷载较大的设施，应设在承重墙或柱的位置。

（4）（第6.1.10条）进场的防水材料和保温隔热材料，应按规定抽样复验，提供检验报告。严禁使用不合格材料。

2.5 《倒置式屋面工程技术规程》JGJ 230—2010 强制性条文

（1）（第3.0.1条）倒置式屋面工程的防水等级应为Ⅰ级，防水层合理使用年限不得少于20年。

（2）（第4.3.1条）保温材料的性能应符合下列规定：

① 导热系数不应大于0.080W/（m·K）；

② 使用寿命应满足设计要求；

③ 压缩强度或抗压强度不应小于150kPa；

④ 体积吸水率不应大于3%；

⑤ 对于屋面基层采用耐火极限不小于1.00h的不燃烧体的建筑，其屋顶保温材料的燃烧性能不应低于B2级，其他情况，保温材料的燃烧性能不应低于B1级。

（3）（第5.2.5条）倒置式屋面保温层的设计厚度应按计算厚度增加25%取值，且最小厚度不得小于25mm。

（4）（第7.2.1条）既有建筑倒置式屋面改造工程设计，应由原设计单位或具备相应资质的设计单位承担。当增加屋面荷载或改变使用功能时，应先做设计方案或评估报告。

2.6 《采光顶与金属屋面技术规程》JGJ 255—2012 强制性条文

（1）（第3.1.6条）采光顶与金属屋面工程的隔热、保温材料、应采用不燃体或难燃体材料。

（2）（第4.5.1条）有热工性能要求时，公共建筑金属屋面的传热系数和采光顶的传热系数、遮阳系数应符合表4.5.1-1的规定，居住建筑金属屋面的传热系数应符合表4.5.1-2的规定。

（3）（第4.6.4条）光伏组件应具有带电警告标识及相应的电气安全防护措施，在人员有可能接触或接近光伏系统的位置，应设置防触电警示标志。

2.7 《高层民用建筑设计防火规范（2005版）》GB 50045—95

（第5.5.1条）屋顶采用金属承重结构时，其吊顶、望板、保温材料等均应采用不燃材料，屋面金属承重构架应采用外包敷不燃烧材料或喷涂防火涂料等措施，并应符合本规范3.0.2条规定的耐火极限，或设置自动喷水灭火系统。

2.8 《建筑玻璃应用技术规程》JGJ 113—2015

（第8.2.2条）屋面玻璃或雨篷玻璃必须使用夹层玻璃或夹层中空玻璃，其胶片厚度不应小于0.76mm。

2.9 《民用建筑外保温系统及外墙装饰防火暂行规定》公通字46号

（1）第八条对于屋顶基层采用耐火极限不小于1.00h的不燃烧体的建筑，其屋顶的保温材料不应低于B2级；其他情况，保温材料的燃烧性能不应低于B1级。

（2）第九条屋顶与外墙交界处、屋顶开口部位四周的保温层，应采用宽度不小于500mm的A级保温材料设置水平防火隔离带。

（3）第十条屋顶防水层或可燃保温层应采用不燃材料进行覆盖。

3 一 般 规 定

3.1 技术要求

3.1.1 屋面工程应符合下列基本要求：
（1）具有良好的排水功能和阻止水侵入建筑物内的作用；
（2）冬季保温减少建筑物的热损失和防止结露；
（3）夏季隔热降低建筑物对太阳辐射热的吸收；
（4）适应主体结构的受力变形和温差变形；
（5）承受风、雪荷载的作用不产生破坏；
（6）具有阻止火势蔓延的性能；
（7）满足建筑外形美观的要求。

3.1.2 屋面工程施工前应通过图纸会审，并掌握施工图中的细部构造及有关技术要求；施工并编制屋面工程专项施工方案。

3.1.3 屋面工程应根据建筑物的性质、重要程度、使用功能要求，按不同屋面防水等级进行设防，并应符合表3.1.3-1的要求。

屋面防水等级和设防要求   表3.1.3-1

防水等级	建筑类别	设防要求
Ⅰ级	重要建筑和高层建筑	两道防水设防
Ⅱ级	一般建筑	一道防水设防

3.2 材料要求

3.2.1 屋面工程所用的防水、保温材料应有产品合格证和性能检测报告，材料的品种、规格、性能等必须符合国家现行产品标准和设计要求。产品质量应由经过省级以上建设行政主管部门对其资质认可和质量监督部门对其计量认证的质量检测单位进行检测。

3.2.2 材料进场检验时，应检查产品出厂合格证及现场复验报告，其检验项目应齐全、结论明确，签字齐全有效。

3.2.3 屋面工程所使用的防水材料，在下列情况下应具有相容性：

（1）卷材或涂料与基层处理剂；

（2）卷材与胶粘剂或胶粘带；

（3）卷材与卷材复合使用；

（4）卷材与涂料复合使用；

（5）密封材料与接缝基材。

3.2.4 防水材料的选择应符合表3.2.4-1规定：

防水材料选择要求表

表 3.2.4-1

序号	使用部位	选 用 要 求
1	外露部位	应选用耐紫外线、耐老化、耐候性好的防水材料
2	上人屋面	应选用耐霉变、拉伸强度高的防水材料
3	长期处于潮湿环境的屋面	应选用耐腐蚀、耐霉变、耐穿刺、耐长期水浸等性能的防水材料
4	薄壳、装配式结构、钢结构及大跨度建筑屋面	应选用耐候性好、适应变形能力强的防水材料
5	倒置式屋面	应选用适应变形能力强、接缝密封保证率高的防水材料
6	坡屋面	应选用与基层粘结力强、感温性小的防水材料
7	屋面接缝密封防水	应选用与基材粘结力强和耐候性好、适应位移能力强的密封材料
8	基层处理剂、胶粘剂和涂料	应符合现行行业标准《建筑防水涂料中有害物质限量》JC 1066 的有关规定

3.2.5 防水、保温材料进场验收应符合表3.2.5-1的规定

防水、保温材料进场验收要求

表 3.2.5-1

序号	检查项目	具 体 要 求
1	资料检查	根据设计要求对材料的质量证明文件进行检查，并应经监理工程师或建设单位代表确认，纳入工程技术档案
2	现场验收	应对材料的品种、规格、包装、外观和尺寸等进行检查验收，并应经监理工程师或建设单位代表确认，形成相应验收记录
3	进场复验	防水、保温材料进场检验项目及材料标准应符合规范 GB 50207 附录 A 和附录 B 的规定 材料进场检验应执行见证取样送检制度，并应提供进场检验报告
4	合格判定	进场检验报告的全部项目指标均达到技术标准规定应为合格，不合格材料不得在工程中使用

3.3 现场要求

3.3.1 屋面工程施工应遵照"按图施工、材料检验、工序检查、过程控制、质量验收"的原则。

3.3.2 施工资质：承包屋面防水和保温工程的施工企业（队伍）应取得建筑防水和保温工程相应等级的资质证书；防水专业队伍由省级以上建设行政主管部门颁发资质证书；作业人员应持证上岗。

3.3.3 屋面工程各子分部和分项工程划分，应符合表3.3.3-1的要求。

分部工程	子分部工程	分 项 工 程
屋面工程	基层与保护	找坡层、找平层、隔汽层、隔离层、保护层
	保温与隔热	板状材料保温层、纤维材料保温层、喷涂硬泡聚氨酯保温层、现浇泡沫混凝土保温层、种植隔热层、架空隔热层、蓄水隔热层
	防水与密封	卷材防水层、涂膜防水层、复合防水层、接缝密封防水
	瓦面与板面	烧结瓦和混凝土瓦铺装、沥青瓦铺装、金属板铺装、玻璃采光顶铺装
	细部构造	檐口、檐沟和天沟、女儿墙和山墙、水落口、变形缝、伸出屋面管道、屋面出入口、反梁过水孔、设施基座、屋脊、屋顶窗

4　屋面工程策划

由于屋面工程往往是工程创优检查的重点部位，并且也是工程竣工后容易发生质量问题的部位，所以在屋面工程施工前，应对屋面工程施工进行二次深化设计。

4.1　屋面工程策划的原则

4.1.1　屋面工程策划应遵照"保证功能、构造合理、防排结合、优选用材、美观耐用"的原则。

4.1.2　屋面工程策划应依据工程创优策划要求、设计图纸、变更洽商等内容进行。

4.2　屋面策划注意事项

屋面策划注意事项：重视屋面的防渗工作，而轻视了屋面的美化。屋面防渗漏是施工最基本的要求，除了做好屋面的防渗漏外，要重视屋面的美观，细节之外见真功。克服屋面只是抓防水的片面做法。屋面的美化包括屋面的色彩要明亮、主要排气管道的出口要整齐均匀、避雷带规范、泛水、女儿墙的处理细节等要从根源重视。同时要避免屋面杂乱无章和乱堆乱放，要营造一种干净舒适的环境。

4.3　屋面策划要点

4.3.1　屋面也是必检之处，有很多屋面都设有排烟、凉水塔等设备，另有管线、避雷、景观照明灯具等。为考虑屋面美观，功能完善，必须二次设计，综合布局。与土建、屋面装饰密切配合，统一策划，考虑好了将进一步完善安装工程的功能，而且还对成品保护起到良好作用。可以考虑有意制造一些亮点，做一些人性化小品，以起到画龙点睛的作用。

4.3.2　屋面工程质量首先要保证使用功能，在满足使用功能的基础上，达到高水平的观感质量。一般情况下，创优工程复查时，第一观感就是屋面，因此屋面观感质量应引起高度重视。

4.3.3　屋面工程排水组织要清晰，汇水面划分要合理、规范，坡度符合设计要求，无倒坡现象，无渗漏，无积水。作为精品工程，屋面是亮点之所在，要注意对防水层的细部质量、防水效果、屋面整体策划排版、屋面砖的铺设、天沟、避雷带、四根（管根、女儿墙根、变形缝根、上人口根）、五口（排气口、出气口、排水口、檐口、上人口）等细部的处理。

4.3.4 屋面坡向设计，应根据现场进行二次深化设计，上人屋面排砖设计及屋面整体布置，要求自然美观，和谐素颜，应尽可能做到全部整砖镶贴规划整齐，颜色均匀，图案清晰。

图 4.3.4-1 上人屋面表面平整、分缝合理　　图 4.3.4-2 异形上人屋面排砖合理（没有一块破砖）

4.3.5 屋面构架施工应对面层合理排版，对缝施工，注重对滴水构造的设计。

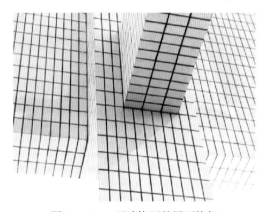 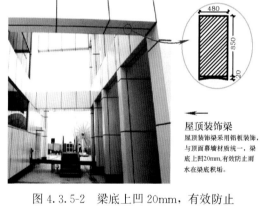

图 4.3.5-1 面砖饰面的屋面构架　　　　图 4.3.5-2 梁底上凹 20mm，有效防止
　　　　　　　　　　　　　　　　　　　　　　　雨水在梁底积垢

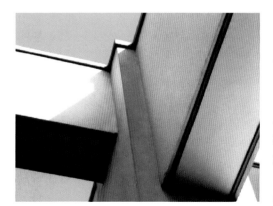

图 4.3.5-3 屋面构架双重滴水处理

4.3.6 女儿墙粉刷分格要简洁到位，图案清晰，能有效控制墙面开裂、空鼓、色差；女儿墙贴砖要进行图案设计，做到与屋面广场分格缝对缝。

4.3.7 混凝土弧形泛水加厚做法，防止根部出现破损、开裂、空鼓问题；屋面广场砖排版在女儿墙及构件周边应采用不同块材处理，解决非整砖排版。

4.3.8 出屋面通气管、风帽装饰可根据整体屋面布局、风格等，策划各种建筑造型的小精品，经久耐用，美观大方。

图 4.3.6-1　女儿墙粉刷分格
要简洁到位

图 4.3.6-2　女儿墙排砖与屋面
广场分格缝对缝

图 4.3.7-1　混凝土弧形泛水设置
解决非整砖排布（1）

图 4.3.7-2　混凝土弧形泛水设置
解决非整砖排布（2）

图 4.3.8-1　三种出屋面管道处理

图 4.3.8-2　公厕排气管出屋面处理

4.3.9 水落口、水簸箕，造型要求美观大方。箅子应采用立体式，可拆卸清理，易于安放，其做法多种多样。

图 4.3.9-1 定制的接水簸箕

图 4.3.9-2 水簸箕、箅子做工规范

4.3.10 屋面跨管道或变形缝处，可设计人性化小桥，既方便检修，又起到美观和成品保护的效果，同时在放置金属制品的小桥处应提前留设防雷接地点。

图 4.3.10-1 穿越屋面管道部位
处理，美观大方、适用

图 4.3.10-2 跨变形缝栈桥

4.3.11 屋面上人通道的防雨设施应齐全到位，包括雨棚和台阶处理。

图 4.3.11-1 半开敞式花园屋面
走道，色泽协调一致

图 4.3.11-2 露天屋面大平台，
板材铺贴平整

4.4 屋面面层策划要求

4.4.1 整体屋面面层排版分格深化设计

测量屋面实际平面尺寸，用计算机排版，排版原则：

（1）根据屋面平面尺寸，结合建筑柱网及凸出物的分布情况，自分水线向两侧和横向对称分格；

（2）墙、柱、设备基础、排烟（风）道等凸出物周围应留设分格缝，缝宽同大面分格缝；

（3）面层镶边、排气孔、泛水等应同时考虑；

（4）混凝土屋面分格缝间距不应大于 6m，宽度为 20～30mm；水泥砂浆面层分格缝间距≤1000mm，缝宽、深均为 10mm，与下部找平层及保温层分格缝上下对应；

（5）有天沟时，在天沟两侧 150～200mm 处留置一道伸缩分格缝。

4.4.2 饰面砖屋面面层排版分格深化设计

（1）根据屋面平面尺寸，结合建筑柱网及凸出物的分布情况，自分水线向两侧和横向对称分格；

（2）屋脊、柱中应设分格缝，并与女儿墙分格缝对缝；

（3）排版尺寸应考虑扣除墙面装饰层厚度，保证整砖排布，柱、设备基础、排烟（风）道等凸出建筑物周边宜整砖排布，并与屋面砖对缝；

图 4.4.1-1 整体式屋面面层排布效果图

（4）墙根、栏板根部及柱、设备基础、排烟（风）道等凸出物根部应留缝，墙根、栏板根部留缝宽度同分格缝宽，柱根部、设备基础、排烟（风）道根部留缝同砖缝；

（5）分格缝两侧、墙柱、栏板、设备基础及排烟（风）道等凸出物根部周围应采用其他颜色饰面砖镶边，当墙面砖与平面砖规格不一致时，采用石材或条形饰面砖镶边；

（6）分格缝间距不应大于 3m，宽度为 20～30mm，并与下部找平层及保温层分格缝上下贯通对应；

图 4.4.2-1 屋面样板先行施工（各构造层）

图 4.4.2-2 屋面样板先行施工（屋面构件）

11

（7）饰面砖规格为 90～110mm 时，砖缝宽 8～11mm，规格为 150～250mm 时，砖缝宽 12～15mm；

（8）有天沟时，按设计沟宽结合饰面砖规格，沟底宜采用整砖排布，天沟两侧长度方向应采用同规格不同颜色饰面砖、条砖或石材镶边；

（9）排气孔应同时考虑；

（10）按排版图在基层面弹线定位，先双向拉通线铺贴分色砖作为标准砖，以此为标准铺贴其他饰面砖，砖缝采用专用勾缝剂，表面应低于面层 2mm，缝型为凹缝；

图 4.4.2-3　屋面深化设计效果（1）

图 4.4.2-4　屋面深化设计效果（2）

图 4.4.2-5　屋面分色与分格整齐，面砖平整，
分格缝油膏嵌填密实顺直（1）

图 4.4.2-6　屋面分色与分格整齐，面砖平整，
分格缝油膏嵌填密实顺直（2）

图 4.4.2-7　贴砖屋面整体效果（1）

图 4.4.2-8　贴砖屋面整体效果（2）

（11）屋面施工前，宜根据屋面策划内容进行屋面样板施工。

5 基层与保护工程

5.1 一般规定

5.1.1 基层是指面层下面的构造层，涵盖了与屋面保温层及防水层相关的构造层，包括找坡层、找平层、隔汽层、隔离层、保护层。

5.1.2 为了雨水迅速排走，屋面找坡应满足设计排水坡度要求，结构找坡不应小于3%，材料找坡宜为2%；檐沟、天沟纵向找坡不应小于1%，沟底水落差不得超过200mm。

```
面层
基层：保护层
      隔离层
      防水层
      找平层
      找坡层
      保温层
      隔汽层
      结构层
```

图 5.1.1-1 屋面各层构造图

5.2 找坡层

5.2.1 找坡层宜采用轻骨料混凝土，找坡层所用材料的质量及配合比，应符合设计要求。主要检查出厂合格证、质量检验报告和计量措施等。

图 5.2.1-1 轻骨料混凝土找坡层　　　图 5.2.1-2 雨水管处水泥砂浆找坡

5.2.2 找坡层在找坡前应根据屋面坡度深化设计要求，放置屋面坡度线。

5.2.3 找坡材料应分层铺设、适当压实，表面应平整，排水坡度应基本符合设计要求。

5.2.4 找坡层的表面平整度允许偏差为7mm。

5.3 找平层

5.3.1 找平层宜采用水泥砂浆或细石混凝土，找平层所用材料的质量及配合比，应符合设计要求。主要检查出厂合格证、质量检验报告和计量措施等。

5.3.2 当找坡层采用比较松软材料铺设时，找平层宜采用细石混凝土材料，厚度不宜小于 40mm，且其内宜配置钢筋网片，网片筋在分格缝处应断开。

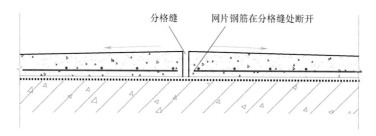

图 5.3.2-1 网片筋在分格缝处断开示意图

图 5.3.2-2 网片筋在分格缝处断开示例图（1）　　图 5.3.2-3 网片筋在分格缝处断开示例图（2）

5.3.3 卷材、涂膜的基层宜设找平层。找平层厚度和技术要求应符合表 5.3.3-1 的规定。

表 5.3.3-1

找平层厚度和技术要求

找平层分类	适用基层	厚度(mm)	技术要求
水泥砂浆	整体现浇混凝土板	15～20	1:2.5 水泥砂浆
	整体材料保温层	20～25	
细石混凝土	装配式混凝土板	30～35	C20 混凝土,宜加钢筋网片
	板状材料保温层		C20 混凝土

5.3.4 找平层的抹平工作应在初凝前完成，压光工序应在终凝前完成，终凝后应进行养护。

5.3.5 卷材防水层的基层与突出屋面结构的交接处，以及基层的转角处，找平层应做成圆弧形，且应整齐平顺。找平层圆弧半径应符合表 5.3.5-1 规定。

表 5.3.5-1

找平层圆弧半径（mm）

卷材种类	圆弧半径
高聚物改性沥青防水卷材	50
合成高分子防水卷材	20

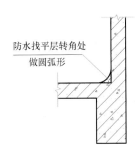

图 5.3.5-1　圆角设置示意图　　　　　　图 5.3.5-2　圆角设置示例图

5.3.6　找平层分格缝的纵横间距不宜大于 6m，分格缝的宽度宜为 20～30mm。

5.3.7　找平层应抹平、压光，不得有酥松、起砂、起皮现象。找平层表面平整度允许偏差为 5mm。

图 5.3.7-1　找平层分格缝设置示例图　　图 5.3.7-2　找平层分格缝设置示例图（女儿墙处）

5.4　隔汽层

5.4.1　隔汽层应设置在结构层与保温层之间；隔汽层应选用气密性、水密性好的材料。

5.4.2　隔汽层施工应符合下列规定：

（1）基层应平整、干净、干燥。隔汽层施工前，应清理结构层上的松散杂物，凸出基层表面的硬物应剔平扫净，并宜进行找平处理。

（2）在屋面与墙的连接处，隔汽层应沿墙面向上连续铺设，超出保温层上表面不得小于 150mm。

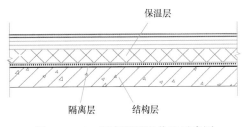

图 5.4.1-1　隔离层设置位置示意图

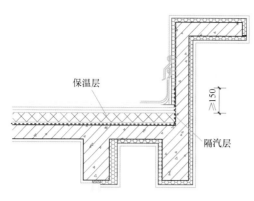

保温层

≥150

隔汽层

图 5.4.2-1　隔汽层沿墙面向上连续铺设大样图

（3）隔汽层采用卷材时宜空铺，铺设平整，卷材接缝应满粘，其搭接宽度不应小于80mm，密封严密，不得有扭曲、皱折和起泡等缺陷。

（4）隔汽层采用涂料时，应涂刷均匀，表面平整涂布均匀，不得有堆积、起泡和露底等缺陷。

（5）穿过隔汽层的管线周围应封严，转角处应无折损。

（6）隔汽层凡有缺陷或破损的部位，均应进行返修。

6　保护层与隔离层

6.1　一般规定

6.1.1　施工完的防水层应进行雨后观察、淋水或蓄水试验，并应在合格后再进行保护层和隔离层的施工。

6.1.2　保护层和隔离层施工前，防水层或保温层的表面应平整、干净。

6.1.3　保护层和隔离层施工时，应避免损坏防水层或保温层。

6.2　隔离层

6.2.1　块体材料、水泥砂浆或细石混凝土保护层与卷材、涂膜防水层之间，应设置隔离层。隔离层可采用干铺塑料布、土工布、卷材或铺抹低强度等级砂浆。

【注：在柔性防水层上设置块体材料、水泥砂浆、细石混凝土等刚性保护层，由于保护层与防水层之间的粘结力和机械咬合力，当刚性保护层膨胀变形时，会对防水层造成损坏，故在保护层与防水层之间应铺设隔离层，同时可防止保护层施工时对防水层的损坏。】

6.2.2　隔离层材料的选择应符合表 6.2.2-1 要求。

隔离层材料的适用范围和技术要求　　　　　　表 6.2.2-1

保护层材料	适用范围	技术要求
塑料膜	块体材料、水泥砂浆保护层	0.4mm 厚聚乙烯膜或 3mm 厚发泡聚乙烯膜
土工布	块体材料、水泥砂浆保护层	200g/m² 聚酯无纺布
卷材	块体材料、水泥砂浆保护层	石油沥青卷材一层
低强度等级砂浆	细石混凝土保护层	10mm 厚黏土砂浆，石灰膏：砂：黏土＝1：2.4：3.6
		10mm 厚石灰砂浆，石灰膏：砂＝1.4
		5mm 厚掺有纤维的石灰砂浆

6.2.3　隔离层所用材料的质量及配合比，应符合设计要求。

6.2.4　隔离层不得有破损和漏铺现象。

16

6.2.5 塑料布、土工布、卷材应铺设平整，其搭接宽度不应小于50mm，铺设应平整，不得有皱折。

6.2.6 低强度等级砂浆表面应压实、平整，不得有起壳、起砂现象。

6.2.7 隔离层的施工环境温度应符合下列规定：

（1）干铺塑料薄膜、土工布、卷材可在负温下施工；

（2）铺抹低强度砂浆宜为5～35℃。

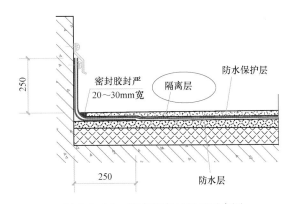

图 6.2.2-1 防水隔离层设置示意图

图 6.2.5-1 隔汽层铺设

图 6.2.5-2 隔汽层铺设临时固定

6.3 保护层

6.3.1 屋顶防水层或可燃保温层应采用不燃材料进行覆盖保护。上人屋面保护层可采用块体材料、细石混凝土等材料，不上人屋面保护层可采用浅色涂料、铝箔、矿物颗粒、水泥砂浆等材料。保护层材料的使用范围和技术要求应符合表6.3.1-1的规定。

保护层材料的适用范围和技术要求　　　　　　　　　　　　　　　表 6.3.1-1

保护层材料	适用范围	技 术 要 求
浅色涂料	不上人屋面	丙烯酸系反射涂料
铝箔	不上人屋面	0.05mm厚铝箔反射膜
矿物颗粒	不上人屋面	不透明的矿物颗粒
水泥砂浆	不上人屋面	20mm厚1:2.5或M15水泥砂浆
块体材料	上人屋面	地砖或30mm厚C20细石混凝土预制块
细石混凝土	上人屋面	40mm厚C20细石混凝土或50mm厚C20细石混凝土内配φ4@100双向钢筋网片

17

6.3.2 防水层上的保护层施工，应待卷材铺贴完成或涂料固化成膜，并经检验合格后进行。

6.3.3 当保护层即作为面层时，施工应注意以下事项：

图 6.3.3-1 固定分格条

（1）应按屋面分格排版图，现场双向拉通线，定位弹线，固定分格条。

（2）根据面层镶边排布，在分格缝两侧及墙、柱、设备基础、排烟（风）道等凸出物周边弹出镶边位置线。

（3）镶边条砖或石材的宽度为 45～100mm，宜优先选用成品块材，现场切割时边沿应平齐。

（4）镶边应对称、对缝铺贴，转角处 45°拼接，铺贴完的镶边包裹薄膜保护。

（5）屋面砖排布无半砖现象。

（6）分隔缝部位采用不同颜色屋面砖，清晰美观。

（7）在面层施工后及时清理，保证混凝土面层与镶边接缝平直无污染。

（8）细石混凝土浇筑前在基层上满铺油毡或塑料薄膜隔离层，水泥砂浆分格缝应镶嵌 PVC 分隔条。

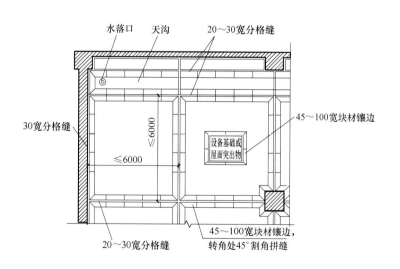

图 6.3.3-2 混凝土面层分格设置示意图

6.3.4 块体材料保护层铺设应符合下列规定：

（1）在砂结合层上铺设块体时，砂结合层应平整，块体间应预留 10mm 的缝隙，缝内应填砂，并应用 1∶2 水泥砂浆勾缝。

（2）在水泥砂浆结合层上铺设块体时，应先在防水层上做隔离层，块体间应预留 10mm 的缝隙，缝内用 1∶2 水泥砂浆勾缝。

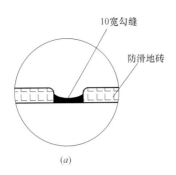
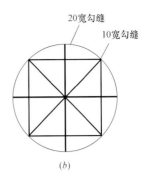

图 6.3.4-1 地砖勾缝示意图

（3）用块体材料做保护层时，宜设置分格缝，分格缝纵横间距不应大于 10m，分格缝宽度宜为 20mm，隔缝内嵌填柔性密封材料。屋面砖排布无半砖现象；分隔缝部位采用不同颜色屋面砖，清晰美观。

图 6.3.4-2　分格缝清理

图 6.3.4-3　粘贴胶带，防止施工污染

图 6.3.4-4　均匀注胶

图 6.3.4-5　细部分格缝打胶压平处理

（4）块体材料保护层的平整度、坡度合理，应留设分格缝，分格面积不大于 $100m^2$，缝的留置宽度不宜小于 20mm，沿女儿墙泛水周边，突出屋面的构造、设备基础等的周边均应留设，缝内填密封材料，分格缝应顺直，分布合理。

19

图 6.3.4-6 打胶成型效果

图 6.3.4-7 打胶整体效果

（5）块体材料保护层表面应干净，色泽一致，接缝应平整，周边应顺直，镶嵌应正确，应无裂纹、掉角和缺楞无空鼓现象。

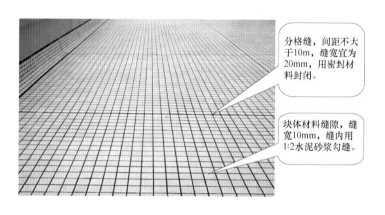

分格缝，间距不大于10m，缝宽宜为20mm，用密封材料封闭。

块体材料缝隙，缝宽10mm，缝内用1:2水泥砂浆勾缝。

图 6.3.4-8 分格缝、块体材料缝隙设置

图 6.3.4-9 屋面支墩处理做工精细

图 6.3.4-10 屋面地砖铺设整体效果图

图 6.3.4-11　屋面地砖铺贴（1）　　　　图 6.3.4-12　屋面地砖铺贴（2）

6.3.5　水泥砂浆及细石混凝土保护层铺设应符合下列规定：

（1）水泥砂浆及细石混凝土保护层铺设前，应在防水层上做隔离层；详见"隔离层"章节。

（2）细石混凝土铺设不宜留施工缝，当施工间隙超过时间规定时，应对接槎进行处理。

（3）用水泥砂浆做保护层时，混凝土应振捣密实，表面应在水泥初凝前完成抹平和压光，水泥终凝后应充分养护。不得有裂纹、脱皮、麻面和起砂等现象，分格缝宜为 1m²。

（4）用细石混凝土做保护层时，混凝土应振捣密实，表面应在水泥初凝前完成抹平和压光，水泥终凝后应充分养护。分格缝纵横间距纵横间距不应大于 6m。分格缝的宽度宜为 20～30mm。

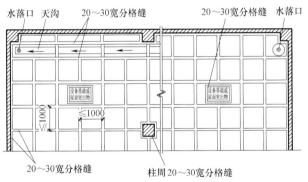

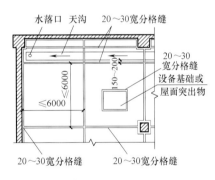

图 6.3.5-1　水泥砂浆面层分格排版平面示意图　　图 6.3.5-2　细石混凝土面层分格排版示意图

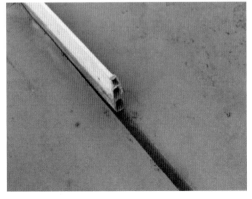

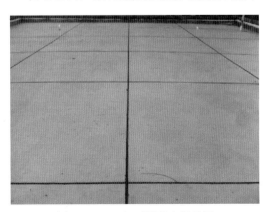

图 6.3.5-3　分格缝设置　　　　　　　图 6.3.5-4　细石混凝土保护层

21

图 6.3.5-5　水泥砂浆保护层

图 6.3.5-6　细石混凝土保护层

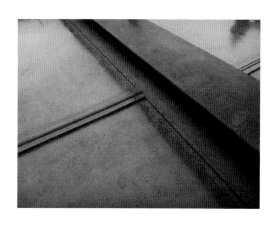

图 6.3.5-7　屋面装饰分格缝（1）

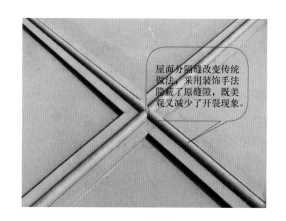

图 6.3.5-8　屋面装饰分格缝（2）

6.3.6　块体材料、水泥砂浆或细石混凝土保护层与女儿墙和山墙之间，应预留 20～30mm 的缝隙，缝内宜填塞聚苯乙烯薄膜塑料板，并用密封材料嵌填密实。

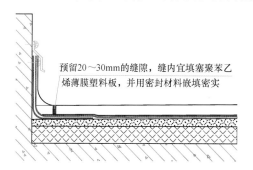

图 6.3.6-1　女儿墙和山墙之间预留缝隙示意图

6.3.7　浅色涂料保护层施工应符合下列规定：

（1）浅色涂料应与卷材、涂膜相容，材料用量应根据产品说明书的规定使用；

（2）浅色涂料应多遍涂刷，保证涂层密度和厚度均匀一致；当防水层为涂膜时，应在涂膜固化后进行；

（3）涂层应与防水层粘结牢固，厚薄应均匀，不得漏涂；

图 6.3.6-2　设备基础泛水分格缝处理

图 6.3.6-3　女儿墙泛水分格缝处理（1）

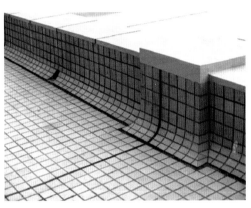

图 6.3.6-4　女儿墙泛水分格缝处理（2）

图 6.3.6-5　女儿墙泛水分格缝处理（3）

图 6.3.6-6　女儿墙泛水分格缝处理（4）

图 6.3.6-7　贴砖泛水分格缝处理

（4）涂层表面应色泽一致、平整，不得流淌和堆积；

（5）浅色涂料贮运、保管环境温度，反应型及水乳型不宜低于 5℃，溶剂型不宜低于 0℃。

图 6.3.7-1　屋面浅色涂料保护层（1）　　　图 6.3.7-2　屋面浅色涂料保护层（2）

6.3.8　其他材料保护层

（1）绿豆沙保护层应清洁、铺洒均匀，粘结牢固，不透底，无残留未粘结的颗粒。

（2）云母或蛭石、片状石渣保护层厚度、规格应符合设计要求，铺洒均应无粉末，粘结牢固，不透底，无多余云母、蛭石。

（3）铺设人造草皮应均匀平整、固定牢固、防风垂落。

6.3.9　保护层的施工环境温度应符合下列规定：

（1）块体材料干铺不宜低于－5℃，湿铺不宜低于5℃；

（2）水泥砂浆及细石混凝土宜为5～35℃；

（3）浅色涂料不宜低于5℃。

6.3.10　块体材料、水泥砂浆、细石混凝土保护层的坡度应符合设计要求，不得因保护层的施工而改变屋面的排水坡度，造成积水现象。

6.3.11　保护层的允许偏差和检验方法应符合表6.3.11-1规定。

保护层的允许偏差和检验方法　　　　　　　表 6.3.11-1

项目	允许偏差（mm）			检验方法
	块体	水泥砂浆	细石混凝土	
表面平整度	4.0	4.0	5.0	2m靠尺和塞尺检查
缝格平直	3.0	3.0	3.0	拉线和尺量检查
接缝高低差	1.5	—	—	直尺和塞尺检查
板块间隙宽度	2.0	—	—	尺量检查
保护层厚度	设计厚度的10%,且不得大于5mm			钢针插入和尺量检查

7　保温层和隔热层

7.1　一般规定

7.1.1　技术要求

（1）严寒和寒冷地区屋面热桥部位，应按设计要求采取节能保温的隔断热桥的措施。当缺少设计要求时，施工单位应提出办理洽商或按施工技术方案进行处理。

【备注：室内大量热能可通过热桥这一薄弱环节向外散逸，并且由于热桥的温度较低，常使该部分构件的内表面产生凝结水，轻则发黄变色，粉刷脱落，重则引起温度应力导致构件产生裂缝。对于各部位上构造节点的保温原则是：在传热的通道上筑起一道高效保温材料制作的热坝，切断热桥。】

（2）屋面热桥部位，当内表面温度低于室内空气的露点温度时，均应做保温处理。

（3）保温与隔热工程的构造及选用材料应符合设计要求。

① 保温层宜选用吸水率低、密度和导热系数小，并有一定强度的保温材料；

② 保温层厚度应根据所在地区现行建筑节能设计标准；

③ 保温层的含水率，应相当于该材料在当地自然风干状态下的平衡含水率；

④ 纤维材料做保温层时，应采取防止压缩的措施；

⑤ 屋面坡度较大时，保温层应采取防滑措施；

⑥ 封闭式保温层或保温层干燥有困难的卷材屋面，宜采取排汽构造措施。

（4）屋顶可燃保温层应采用不燃材料进行覆盖。

7.1.2 材料要求

（1）保温层分为板状材料、纤维材料、喷涂硬泡聚氨酯、现浇泡沫混凝土等类型，隔热层分为种植、架空、蓄水三种形式，见表 7.1.2-1。

保温层及其保温材料　　　　　　　　表 7.1.2-1

保温层	保温材料
板状材料保温层	聚苯乙烯泡沫塑料,硬质聚氨酯泡沫塑料,膨胀珍珠岩制品,泡沫玻璃制品,加气混凝土砌块,泡沫混凝土砌块
纤维材料保温层	玻璃棉制品,岩棉、矿渣棉制品
整体材料保温层	喷涂硬泡聚氨酯,现浇泡沫混凝土

（2）保温材料使用时的含水率，应相当于该材料在当地自然风干状态下的平衡含水率。

（3）保温材料的热导系数、表观密度或干密度、抗压强度或压缩强度、燃烧性能，必须符合设计要求。

（4）对于屋顶基层采用耐火极限不小于 1.00h 的不燃烧体的建筑，其屋顶的保温材料不应低于 B2 级；其他情况，保温材料的燃烧性能不应低于 B1 级。

（5）屋顶与外墙交界处、屋顶开口部位四周的保温层，应采用宽度不小于 500mm 的 A 级保温材料设置水平防火隔离带。

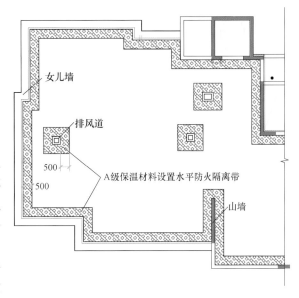

图 7.1.2-1　屋面防火隔离带设置示意图

500mm的A级保温材料设置水平防火隔离带。

图 7.1.2-2 屋面风帽周边防火隔离带设置　　图 7.1.2-3 屋面女儿墙周边防火隔离带设置

7.1.3 现场要求

（1）铺设保温层的基层应平整、干燥和干净。

（2）保温材料在施工过程中应采取防潮、防水盒防火等措施。

（3）保温与隔热工程质量验收除应符合本章规定外，尚应符合现行国家标准《建筑节能工程施工质量验收规范》GB 50411 的有关规定。

（4）种植、架空、蓄水隔热层施工前，防水层均应验收合格。

7.2 保温层

7.2.1 倒置式屋面保温层

（1）倒置式屋面保温层施工应符合下列规定：

① 施工完的防水层，应进行淋水或蓄水试验，并应在合格后再进行保温层的铺设；

② 板状保温层的铺设应平稳，拼缝应严密；

③ 保护层施工时，应避免损坏保温层和防水层。

（2）倒置式屋面的坡度宜为 3‰。

（3）保温层应采用吸水率低，且长期浸水不变质的保温材料。

（4）板状保温材料的下步纵向（即沿坡度方向）边缘应设排水凹缝。

（5）保温层与防水层所用材料应相容匹配。

（6）保温层上面宜采用块体材料或细石混凝土做保护层。

（7）檐沟、水落口部位应采用现浇混凝土堵头或砌砖堵头，并应做好保温层排水处理。

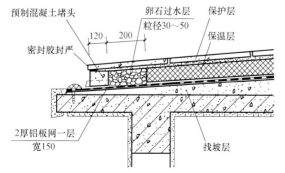
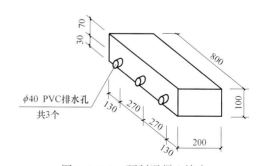

图 7.2.1-1 倒置式屋面檐口挑檐（外墙无保温）　　图 7.2.1-2 预制混凝土堵头

26

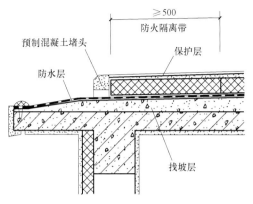

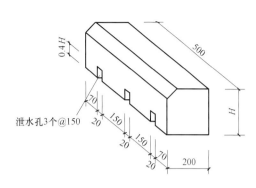

图 7.2.1-3 倒置式屋面檐口挑檐（外墙也有保温）　　　图 7.2.1-4 预制混凝土堵头

7.2.2 板状材料保温层

板状材料保温层施工应符合下列规定：

（1）板块材料保温层采用干铺法施工时，板块材料应紧靠在基层表面上，应铺平垫稳；分层铺设的板块上下层接缝应相互错开，板间缝隙应采用同类材料的碎屑嵌填密实。

（2）板块材料保温层采用粘贴法施工时，胶粘剂应与保温材料的材性相容，并应贴严、粘牢；板状材料保温层的平面接缝应挤紧拼严，不得在板块侧面涂抹胶粘剂，超过2mm的缝隙应用相同材料板条或片填塞严实。

（3）板状保温材料采用机械固定法施工时，应选择专用螺钉和垫片；固定件与结构层之间应连接牢固。

（4）保温材料的质量，应符合设计要求，板状材料保温层的厚度应符合设计要求，其正偏差应不限，负偏差应为5%，且不得大于4mm。

（5）屋面热桥部位处理应符合设计要求。

（6）板状保温材料铺设应紧贴基层，应铺平垫稳，拼缝应严密，粘贴应牢固。

（7）固定件的规格、数量和位置均应符合设计要求；垫片应与保温层表面平齐。

（8）板状材料保温层表面平整度允许偏差为5mm。接缝高低差的允许偏差为2mm。

图 7.2.2-1 屋面保温板粘贴施工　　　　　图 7.2.2-2 屋面保温板干铺施工

7.2.3 纤维材料保温层

（1）纤维材料保温层施工应符合下列规定：

① 纤维保温材料应紧靠在基层表面上，平面接缝应挤紧拼严，上下层接缝应相互错开；

② 屋面坡度较大时，宜用金属或塑料专用固定件将纤维保温材料与基层固定；

③ 纤维材料填充后，不得上人踩踏。

（2）装配式骨架纤维保温材料施工时，应先在基层上铺设保温龙骨或金属龙骨，龙骨质检应填充纤维保温材料，再在龙骨上铺水泥纤维板。金属龙骨和固定件应经防锈处理，金属龙骨与阶层质检应采取隔热断桥措施。

（3）保温材料质量、厚度应符合设计要求，厚度正偏差应不限，但不得有负偏差，板负偏差应为 4％，且不得大于 3mm；热桥部位处理应符合设计要求。

（4）纤维保温材料铺设应紧贴基层，拼缝应严密，表面平整；固定件的规格、数量和位置应符合设计要求，屋面坡度较大时，宜采用金属或塑料专用固定件；装配式骨架和水泥纤维板应铺钉牢固平整，龙骨间距和板材厚度应符合设计要求；具有抗水蒸气渗透外覆面的玻璃棉制品，其外覆面应朝向室内，拼缝应用防水密封胶带封严。

（5）在铺设纤维保温材料时，应注意劳动保护工作。纤维保温材料一般都采用塑料薄膜包装，但搬运和铺设时，会随意掉落矿物纤维，对人体健康造成伤害。施工时人员应佩戴头罩、口罩、手套、鞋、帽和工作服，以防矿物纤维刺伤皮肤和眼睛或吸入肺部。

7.2.4 喷涂硬泡聚氨酯保温层

（1）施工程序：调试喷涂设备—计量配比—试验作业间距—分遍喷涂—成品保护。

（2）保温层施工前应对喷涂设备进行调试，并应制备试样进行硬泡聚氨酯的性能试验。

（3）喷涂硬泡聚氨酯的配比应准确计量，发泡厚度应均匀一致。

（4）喷涂时喷嘴与施工基面间的间距应由试验确定。

（5）一个作业面应分遍喷涂完成，每遍厚度不宜大于 15mm，当日的作业面应当日连续地喷涂施工完毕。

（6）硬泡聚氨酯喷涂后 20min 内严禁上人；喷涂硬泡聚氨酯保温层完成后，应及时做保护层。

（7）材料质量、配合比应符合设计要求；热桥部位处理应符合设计要求；保温层厚度其正偏差应不限，不得有负偏差。

（8）硬泡聚氨酯应分遍喷涂，牢固性及表面平整度应符合要求。

7.2.5 现浇泡沫混凝土保温层

（1）在现浇泡沫混凝土前，应将基层上的杂物和油污清理干净；基层应浇水湿润，但不得有积水。

（2）保温层施工前应对设备进行调试，并应制备试样进行泡沫混凝土的性能检测。

（3）泡沫混凝土的配合比应准确计量，制备好的泡沫加入水泥浆料应搅拌均匀。

（4）浇筑过程中，应随时检测泡沫混凝土的湿密度。

（5）应分层施工，粘结应牢固；不得有贯通性裂缝以及疏松、起砂、起皮现象；表面平整度的允许偏差为 5mm。保温层厚度其正负偏差应为 5％，且不得大于 5mm。

7.2.6 保温层的施工环境温度应符合下列要求

（1）干铺的保温材料可在负温下施工；

（2）用水泥砂浆粘贴的板状保温材料不宜低于 5℃；

（3）喷涂硬泡沫聚氨酯宜为 15～35℃，空气相对湿度宜小于 85%，风速不宜大于三级；

（4）现浇泡沫混凝土宜为 5～35℃。

7.3 隔热层

7.3.1 种植隔热层

（1）种植隔热层的构造层次应包括植被层、种植土层、过滤层和排水层等。

（2）种植隔热层与防水层之间宜设细石混凝土保护层。

（3）种植隔热层的屋面坡度大于 20% 时，其排水层、种植土层应采取防滑措施。

（4）种植隔热层施工应符合下列规定：

① 种植隔热层挡墙或挡板施工时，留设的泄水孔位置应准确，并不得堵塞；

② 凹凸形排水板宜采用搭接法施工，搭接宽度应根据产品具体规格确定；网状交织排水板宜采用对接法施工；采用陶粒做防水层时，铺设应平整，厚度应均匀；

③ 过滤层土工布铺设应平整、无皱折，搭接宽度不应小于 100mm，搭接宜采用粘合或缝合处理；土工布应沿种植土周边向上铺设至种植土高度；

图 7.3.1-1　滤水层铺设搭接

图 7.3.1-2　土工布铺设临时固定

④ 种植土层的荷载应符合设计要求；种植土、植物等应在屋面上均匀堆放，且不得损坏防水层。

（5）排水层施工应符合下列要求：

① 陶粒的粒径不应小于 25mm，大粒径应在下，小粒径应在上。

② 凹凸形排水板宜采用搭接法施工，网状交织排水板宜采用对接法施工。

③ 排水层上应铺设过滤层土工布。

④ 挡墙或挡板的下部应设置泄水孔，孔周围应放置疏水粗细骨料。

（6）过滤层宜采用 200～400g/m² 的土工布，并应沿着种植土周边向上铺设至种植土高度，并应与挡板粘牢；土工布的搭接宽度不应小于 100mm，接缝宜采用粘合或缝合。

（7）种植土的厚度及自重应符合设计要求。种植土表面应低于挡墙高度 100mm。

（8）材料质量、挡墙或挡板泄水孔的留设应符合设计要求；排水层应与排水系统连通。

（9）陶粒应铺设平整、均匀，厚度应符合设计要求。

（10）排水板应铺设平整，接缝方法应符合国家现行有关标准的规定。

（11）过滤层土工布应铺设平整、接缝严密，其搭接宽度的允许偏差为－10mm。

（12）种植土应铺设平整、均匀，其厚度的允许偏差为±5％，且不大于30mm。

图7.3.1-3　种植屋面分格布局合理

图7.3.1-4　种植屋面整体效果

7.3.2　架空隔热层

（1）架空隔热层宜在屋顶有良好通风的建筑物上采用，不宜在寒冷地区采用。

（2）架空隔热层的高度应按屋面宽度或坡度大小确定。设计无要求时，架空层的高度宜为180～300mm。当采用混凝土板架空隔热层时，屋面坡度不宜大于5％。

（3）当屋面宽度大于10m时，应在屋面中部设置通风屋脊，通风口应设置通风篦子。

（4）架空隔热层的进风口，宜设置在当地炎热季节最大频率方向的正压区，出口宜设置在负压区。

（5）架空隔热制品支座地面的卷材、涂膜防水层，应采取加强措施。

（6）架空隔热制品的质量应符合下列要求：

① 非上人屋面的砌块强度等级不应低于MU7.5；上人屋面的砌块强度等级不应低于MU10；

② 混凝土板的强度等级不应低于 C20，板厚及配筋应符合设计要求。

（7）架空隔热制品的铺设应平稳、稳固，缝隙勾填应密实。

（8）隔热制品距山墙或女儿墙不得小于 250mm；其高度及通风屋脊、变形缝做法和接缝高低差应符合设计要求。

图 7.3.2-1 突出物周边留缝

架空隔热板铺设平整、稳固，缝隙勾填密实、均匀，架空隔热板离女儿墙大于250mm。

图 7.3.2-2 架空隔热板铺设

7.3.3 蓄水隔热层

（1）蓄水隔热层不宜设置在寒冷地区、地震设防地区和振动较大的建筑物上采用。

（2）蓄水隔热层与屋面防水层之间应设置隔离层。

（3）蓄水隔热层的排水坡度不宜大于 0.5%。

（4）蓄水池的所有孔洞应预留，不得后凿；应设置给水管、排水管和溢水管等，均应在蓄水池混凝土施工前安装完毕。

（5）为保证每个蓄水区混凝土的整体防水性，每个蓄水区的防水混凝土应一次浇筑完毕，不得留施工缝，避免因接缝处理不好而导致裂缝。

（6）防水混凝土应用机械振捣密实，表面应抹平和压光，初凝后应覆盖养护，终凝后浇水养护不得少于 14d；蓄水后不得断水，防止混凝土干涸开裂。

（7）防水混凝土的质量、配合比、抗压强度和抗渗性能符合设计要求。

（8）蓄水池的溢水口标高、数量、尺寸应符合设计要求，以防暴雨溢流；过水孔应设置在分仓墙底部，排水管应与水落管连接；蓄水池不得有渗漏现象。

（9）防水混凝土表面应密实、平整，不得有蜂窝、麻面、露筋等缺陷。

（10）防水混凝土表面的裂缝宽度不应大于 0.2mm，并不得贯通。

（11）蓄水池结构的允许偏差和检查方法应符合表 7.3.3-1 的规定。

保护层的允许偏差和检验方法　　　　　　　　　　　表 7.3.3-1

项目	允许偏差（mm）	检验方法
长度、宽度	+15，−10	尺量检查
厚度	±5	尺量检查
表面平整度	5	2m 靠尺和塞尺检查
排水坡度	符合设计要求	坡度尺检查

8 防水与密封工程

8.1 一般规定

8.1.1 本章适用于对卷材防水层、涂膜防水层、复合防水层和接缝密封防水等分项工程的施工。

8.1.2 防水层施工前，基层应坚实、平整、干净、干燥。

8.1.3 基层处理剂应配比准确，并应搅拌均匀；喷涂或涂刷基层处理剂应均匀一致，待其干燥后应及时进行卷材、涂膜防水层和接缝密封防水施工。

8.1.4 防水层施工完毕并经验收合格后，应及时做好成品保护。

8.1.5 屋顶防水层应采用不燃材料进行覆盖。

图 8.1.3-1 防水基层处理剂涂
刷均匀一致（1）

图 8.1.3-2 防水基层处理剂涂
刷均匀一致（2）

8.2 卷材防水层

8.2.1 一般规定

（1）屋面坡度大于 25％时，卷材应采取满粘和钉压固定措施。

（2）卷材铺贴方向应符合下列规定：卷材宜平行屋脊铺贴，上下层卷材不得相互垂直铺贴。

（3）卷材的搭接缝应符合下列规定：

① 平行屋脊的卷材搭接缝应顺流水方向，卷材搭接宽度应符合表 8.2.1-1 的规定；

② 相邻两幅卷材短边搭接缝应错开，且不得小于 500mm；

③ 上下层卷材长边搭接缝应错开，且不得小于幅宽的 1/3。

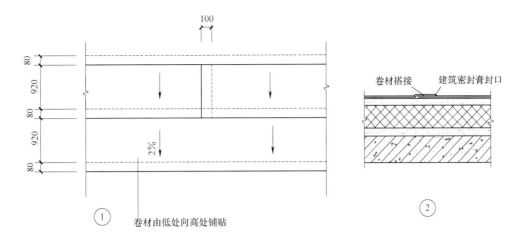

图 8.2.1-1　屋面防水搭接示意图

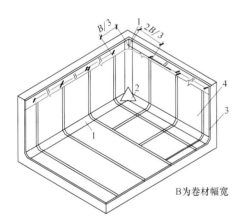

阴角的第一层油毡铺贴法

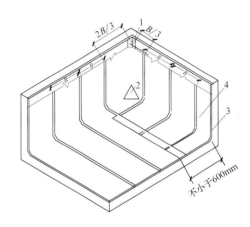

阴角的第二层油毡铺贴法

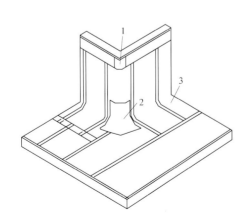

阳角的第一层油毡铺贴法

说明:

1.1—转折处油毡加固层;
 2—角部加固层;
 3—找平层;
 4—油毡。
2.在立面和底面的转角处,
 油毡的接缝应留在底面上,
 距墙根不小于600mm。

图 8.2.1-2　阴阳角卷材铺贴示意图

上下层卷材长边搭接缝应错开，且不得小于幅宽的1/3

图 8.2.1-3　上下两层防水错缝搭接示意图

卷材搭接宽度（mm）　表 8.2.1-1

卷材类别		搭接宽度
合成高分子防水卷材	胶粘剂	80
	胶粘带	50
	单缝焊	60,有效焊缝宽度不得小于25
	双缝焊	80,有效焊缝宽度10×2＋空腔款
高聚物改性沥青防水卷材	胶粘剂	100
	自粘	80

8.2.2　冷粘法铺贴卷材应符合下列规定：

（1）胶粘剂涂刷应均匀，不得露底，不应堆积；

（2）应控制胶粘剂涂刷与卷材铺贴的间隔时间；

（3）卷材下面的空气应排尽，并应辊压粘牢固；

（4）卷材铺贴应平整顺直，搭接尺寸应准确，不得扭曲、皱折；

（5）接缝口应用密封材料封严，宽度不应小于 10mm。

图 8.2.2-1　绿豆沙防水卷材冷粘法铺贴示意图

8.2.3　热粘法铺贴卷材应符合下列规定：

（1）熔化热熔型改性沥青胶结料时，宜采用专用导热油炉加热，加热温度不应高于 200℃，使用温度不宜低于180℃；

（2）粘贴卷材的热熔型改性沥青胶结料厚度宜为 1.0～1.5mm；

（3）采用热熔型改性沥青胶结料粘贴卷材时，应随刮随铺，并应展平压实。

8.2.4　热熔法铺贴卷材应符合下列规定：

（1）火焰加热器加热卷材应均匀，不得加热不足或烧穿卷材；

（2）卷材表面热熔后应立即滚铺，卷材下面的空气应排净，并应辊压粘结牢固；

（3）卷材接缝部位应溢出热熔的改性沥青胶，溢出的改性沥青胶宽度宜为8mm；

（4）铺贴的卷材应平整顺直，搭接尺寸正确，不得扭曲、皱折；

（5）厚度小于3mm的高聚物改性沥青防水卷材，严禁采用热熔法施工。

8.2.5 自粘法粘贴卷材应符合下列规定：

（1）铺贴卷材时，应将自粘卷材底面的隔离纸全部撕净；

（2）卷材下面的空气应排净，并应辊压粘贴牢固；

图 8.2.4-1 热熔法防水施工

图 8.2.5-1 防水铺贴完后，辊压粘贴牢固

（3）铺贴的卷材应平整顺直，搭接尺寸应准确，不得扭曲、皱折；

（4）接缝口应用密封材料封严，宽度不应小于10mm；

（5）低温施工时，接缝部位宜采用热风加热，并应随即粘结牢固。

8.2.6 焊接法铺贴卷材应符合下列规定：

（1）焊接前卷材应铺设平整、顺直，搭接尺寸准确，不得扭曲、皱折；

（2）卷材焊接缝的结合面应干净、干燥，不得有水滴、油污及附着物；

（3）焊接时应先焊长边接缝，后焊接短边接缝；

（4）控制加热温度和时间，焊接法不得有漏焊、跳焊、焊焦或焊接不牢现象；

（5）焊接时不得损害非焊接部位的卷材。

8.2.7 机械固定法铺贴卷材应符合下列规定：

（1）卷材应采用专用固定件进行机械固定；

（2）固定件应设置在卷材搭接缝内，外露固定件应用卷材封严；

（3）固定件应垂直顶入结构层有效固定，固定件数量和位置应符合设计要求；

（4）卷材搭接缝应粘结或焊接固定，密封应严密；

（5）卷材周边800mm范围内应满粘。

8.2.8 卷材防水质量验收

（1）防水卷材及其配套材料的质量，应符合设计要求。

（2）卷材防水层不得有渗漏和积水现象。

（3）卷材防水层在檐口、天沟、水落口、泛水、变形缝和伸出屋面管道的防水构造，应符合设计要求。

（4）卷材的搭接缝应粘结或焊接牢固，接缝应严密，不得扭曲、皱折和翘边。

（5）卷材防水层的接头应与基层粘结，钉压应牢固，密封应严密。

图 8.2.8-1 屋面卷材铺贴整体效果（1）

图 8.2.8-2 屋面卷材铺贴整体效果（2）

图 8.2.8-3 管道、基础部位卷材铺贴（1）

图 8.2.8-4 管道、基础部位卷材铺贴（2）

图 8.2.8-5 管道、基础部位卷材铺贴（3）

图 8.2.8-6 女儿墙部位卷材铺贴示意图

（6）卷材防水层铺贴方向应正确，卷材搭接宽度的允许偏差为－10mm。

（7）屋面排气构造的排气道应纵横贯通，不得堵塞；排气管应安装牢固，位置应正确，封闭应严密。

8.3 涂膜防水层

8.3.1 防水涂料应多遍涂布，并应待前一涂布的涂料干燥成膜后，再涂布后一遍涂料，且前后两遍涂料的涂布方向应相互垂直。

8.3.2 铺设胎体增强材料应符合下列规定：

（1）胎体增强材料宜采用聚酯无纺布或化纤无纺布；

（2）胎体增强材料长边搭接宽度不应小于50mm，短边搭接宽度不应小于70mm；

（3）上下层胎体增强材料的长边搭接缝应错开，且不得小于幅宽的1/3；

（4）上下层胎体增强材料不得相互垂直铺设。

8.3.3 多组分防水涂料应按配合比准确计量，搅拌应均匀，并应根据有效时间确定每次配置的数量。

8.3.4 防水涂料和胎体增强材料的质量，应符合设计要求；涂膜防水层不得有渗漏和积水现象。

8.3.5 涂膜防水层在檐口、天沟、水落口、泛水、变形缝和伸出屋面管道的防水构造，应符合设计要求。

8.3.6 涂膜防水层的平均厚度应符合设计要求，且最小厚度不得小于设计厚度的80%。

8.3.7 涂膜防水层与基层应粘结牢固，表面应平整，涂布应均匀，不得有流淌、皱折、起泡和露胎体等缺陷。

8.3.8 涂膜防水层的手头应用防水涂料多遍涂刷。

8.3.9 铺贴胎体增强材料应平整顺直，搭接尺寸应准确，应排除起泡，并应与涂料粘结牢固；胎体增强材料搭接宽度的允许偏差为－10mm。

图 8.3.9-1 胎体增强材料压牢粘牢，
底部无空鼓

8.4 复合防水层

8.4.1 卷材与涂料复合使用时，涂膜防水层宜设置在卷材防水层的下面。

8.4.2 卷材与涂料复合使用时，防水卷材的粘结质量应符合表8.4.2-1的规定。

8.4.3 复合防水层施工质量应符合前章"卷材防水"和"涂膜防水"的有关规定。

8.4.4 卷材和涂膜应粘贴牢固，不得有空鼓和分层现象。

8.4.5 复合防水层的总厚度应符合设计要求。

防水卷材粘结质量			表 8.4.2-1
项目	自粘聚合物改性沥青防水卷材和带自粘层防水卷材	高聚物改性沥青防水卷材胶粘剂	合成高分子防水卷材胶粘剂
粘结剥离强度(N/10mm)	≥10 或卷材断裂	≥8 或卷材断裂	≥15 或卷材断裂
剪切状态下的粘结强度(N/10mm)	≥20 或卷材断裂	≥20 或卷材断裂	≥20 或卷材断裂
浸水 168h 后粘结剥离强度保持率	—	—	≥70 或卷材断裂

8.5 接缝密封防水

8.5.1 屋面接缝应按密封材料的使用方式，分为位移接缝和非位移接缝。屋面接缝密封防水技术要求应符合表 8.5.1-1 的规定。

屋面接缝密封防水技术要求		表 8.5.1-1
接缝种类	密封部位	密封材料
位移接缝	混凝土面层分格接缝	改性石油沥青密封材料、合成高分子密封材料
	块体面层分格缝	改性石油沥青密封材料、合成高分子密封材料
	采光玻璃接缝	硅酮耐候密封胶
	采光顶周边接缝	合成高分子密封材料
	采光顶隐框玻璃与金属框接缝	硅酮耐候密封胶
	采光顶明框玻璃单元板块间接缝	硅酮耐候密封胶
非位移接缝	高聚物改性沥青卷材收头	改性石油沥青密封材料
	合成高分子卷材收头及接缝封边	合成高分子密封材料
	混凝土基层固定件周边接缝	改性石油沥青密封材料、合成高分子密封材料
	混凝土构件接缝	改性石油沥青密封材料、合成高分子密封材料

8.5.2 密封防水部位的基层应符合下列要求：

（1）基层应牢固，表面应平整、密实，不得有裂纹、蜂窝、麻面、起皮和起砂现象；

（2）基层应清洁、干燥，并应无油污、无灰尘；

（3）嵌入的背衬材料与接缝间不得留有空隙；

（4）密封防水部位的基层宜涂刷基层处理剂，涂刷应均匀，不得漏涂。

8.5.3 多组分密封材料应按配合比准确计量，拌合应均匀，并应根据有效时间确定每次配置的数量。

8.5.4 密封材料嵌填完成后，在固化前应避免灰尘、破损及污染，且不得踩踏。

8.5.5 密封材料嵌填应密实、连续、饱满，粘结牢固，不得有开裂、起泡、脱落等缺陷。

8.5.6 接缝宽度和密封材料的嵌填深度应符合设计要求，接缝宽度的允许偏差为±10%。

8.5.7 嵌填的密封材料表面应平滑，缝边应顺直，应无明显不平和周边污染现象。

8.6 收头及节点处理

8.6.1 出屋面的管根部位上下各延贴 250mm 的卷材附加层，待卷材铺贴完毕后，上口用化学纤维绳扎紧卷材并刷防水涂料，卷材上口用热熔沥青胶密封。详见图 8.6.1-1～图 8.6.1-4。

8.6.2 防水卷材在女儿墙收头处理：在女儿墙内侧挑檐低处收头。详见图 8.6.2-1～图 8.6.2-4。

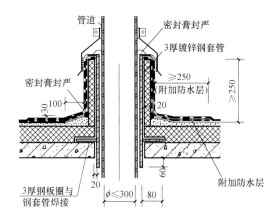

图 8.6.1-1 出屋面管根做法示意图

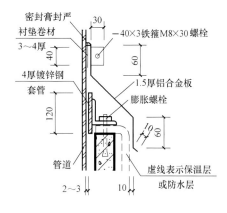

图 8.6.1-2 出屋面管根做法剖面图

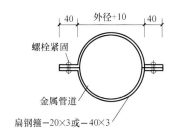

图 8.6.1-3 管箍大样图

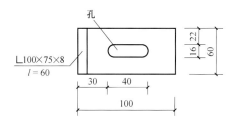

图 8.6.1-4 管箍螺栓孔设置大样图

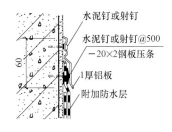

图 8.6.2-1 常用防水层收头做法——无保温（1）

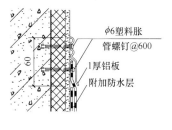

图 8.6.2-2 常用防水层收头做法——有保温（2）

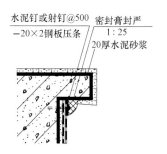

图 8.6.2-3 常用防水层收头做法——无保温（3）

图 8.6.2-4 常用防水层收头做法——有保温（4）

9 瓦面与板面工程

9.1 一般规定

9.1.1 瓦面与面板工程施工前，应对主体结构进行质量验收，并应符合现行国家标准《混凝土结构施工质量验收规范》GB 50204、《钢结构工程施工质量验收规范》GB 50205、《木结构工程施工质量验收规范》GB 50206 的有关规定。

9.1.2 木质望板、檩条、顺水条、挂瓦条等构件，均应做防腐、防蛀和防火处理。

9.1.3 金属顺水条、挂瓦及金属板、固定件，均应做防锈处理。

9.1.4 瓦材或板材与山墙及突出屋面结构的交接处，均应做泛水处理。

9.1.5 在大风及地震设防地区或屋面坡度大于 100% 时，瓦材应采取固定措施。

9.1.6 在瓦材的下面应铺设防水层或防水垫层，其品种、厚度和搭接宽度均应符合设计要求。

9.1.7 严寒和寒冷地区的檐口部位，应采取防雪融冰坠的安全措施。

9.2 烧结瓦和混凝土瓦铺装

9.2.1 平瓦和脊瓦应边缘整齐，表面光洁，不得有分层、裂纹和露砂等缺陷；平瓦和瓦爪与瓦槽的尺寸应配合。铺瓦前应选瓦，凡缺边、掉角、裂缝、砂眼、翘曲不平、张口等缺陷的瓦，不得使用。

9.2.2 基层、顺水条、挂瓦条的铺设应符合下列规定：

（1）基层应平整、干净、干燥；持钉层厚度应符合设计要求，木基层的持钉层厚度不应小于 20mm，人造板材的持钉层厚度不应小于 16mm，C20 细石混凝土的持钉层厚度不应小于 35mm；

（2）顺水条应垂直正脊方向铺设在基层上，顺水条表面应平整，其间距不宜大于 500mm；

（3）挂瓦条的间距应根据瓦片尺寸和屋面坡长经计算确定；

（4）挂瓦条挂瓦条应分档均匀，铺钉应平整、牢固，上楞应成一直线。瓦面应平整，行列整齐，接缝紧密，檐口平直。

9.2.3 烧结瓦、混凝土瓦挂瓦应符合下列要求：

（1）挂瓦时应将瓦片均匀分散堆放在屋面两坡，铺瓦时应从两坡的檐口同时从下向上对称铺设，避免产生过大的不对称荷载，而导致结构变形，甚至破坏。瓦后爪应与挂瓦挂牢，并应与临边、下面两瓦落槽密合，瓦角挂牢，搭缝严密，使屋面整齐美观。

（2）檐口瓦、斜天沟瓦应用镀锌铁丝拴牢在挂瓦条上，每片瓦均应与挂瓦条固定牢固。

（3）整坡瓦面应平整，行列应横平竖直，不得有翘角和张口现象，否则冷空气或雨水会沿缝口渗入室内，甚至造成屋面渗漏。

（4）脊瓦应搭盖正确，间距应均匀，封固应严密，正脊与斜脊应铺平挂直，脊瓦搭盖应顺主导风向和流水方向。铺设脊瓦时应拉线找直、找平，使脊瓦在屋脊上铺设成一条直线，以保证外表美观。

9.2.4　烧结瓦和混凝土瓦铺装的有关尺寸，应符合下列要求：

（1）瓦屋面檐口挑出墙面的长度不宜小于300mm；

（2）瓦在两坡面瓦上的搭盖宽度，每边不应小于40mm；

（3）脊瓦下端距坡面瓦的高度不宜大于80mm；

（4）瓦头深入檐沟、天沟内的长度宜为50～70mm；

（5）金属檐沟、天沟深入瓦内的长度不宜小于150mm；

（6）瓦头挑出檐口的长度宜为50～70mm；

（7）突出屋面结构的侧面瓦伸入泛水的宽度不应小于50mm。

图9.2.4-1　屋面瓦安装整齐平整

图9.2.4-2　瓦屋面安装（1）

瓦头挑出檐口
的长度宜为
50～70mm

图9.2.4-3　瓦屋面安装（2）

9.3　沥青瓦铺装

9.3.1　沥青瓦应边缘整齐，切槽应清晰，厚薄应均匀，表面应无孔洞、楞伤、裂纹、皱折和起泡等缺陷。

9.3.2　沥青瓦应自檐口向上铺设，起始层瓦应有瓦片经切除垂片部分后制得，且起始层瓦沿檐口平行铺设并伸出檐口10mm，并应用沥青基胶粘材料与基层粘结；第一层瓦应与起始层瓦叠合，但瓦切口应向下指向檐口；第二层瓦应压在第一层瓦上且露出瓦切口，但不得超过切口长度。相邻两层沥青瓦的拼缝及切口应均匀错开。

9.3.3 铺设脊瓦时，宜将沥青瓦沿切口剪开分三块作为脊瓦，并应用 2 个固定钉固定，同时应用沥青基胶粘材料密封；脊瓦搭盖应顺主导缝方向。

9.3.4 沥青瓦的固定应符合下列规定：

（1）沥青瓦铺设时，每张瓦片不得少于 4 个固定钉，在大风地区或屋面坡度大于 100％时，每张瓦片不得少于 6 各固定钉；

（2）固定钉钉入持钉层深度应符合设计要求；

（3）固定钉应垂直钉入沥青瓦压盖面，钉帽应与瓦片表面齐平；

（4）屋面边缘部位沥青瓦之间以及起始瓦与基层之间，均应采用沥青基胶粘材料满粘。

9.3.5 沥青瓦铺装的有关尺寸应符合下列规定：

（1）脊瓦在两坡面瓦上的搭盖宽度，每边不应小于 150mm；

（2）脊瓦与脊瓦的压盖面不应小于脊瓦面积的 1/2；

（3）沥青瓦挑出檐口的长度宜为 10～20mm；

（4）金属泛水板与沥青瓦的搭盖宽度不应小于 100mm；

（5）金属泛水板与突出屋面墙体的搭接高度不应小于 250mm；

（6）金属滴水板伸入沥青瓦下的宽度不应小于 80mm。

图 9.3.5-1 沥青瓦屋面纵横向木龙骨安装

图 9.3.5-2 玻纤沥青瓦基层复测

图 9.3.5-3 防水层施工（1）

图 9.3.5-4 防水层施工（2）

图 9.3.5-5　防水卷材铺设

图 9.3.5-6　玻纤沥青瓦铺设平整度控制

图 9.3.5-7　玻纤瓦屋面细部

图 9.3.5-8　玻纤沥青瓦屋面高低跨

图 9.3.5-9　沥青瓦屋面（1）

图 9.3.5-10　沥青瓦屋面（2）

9.4　金属板铺装

9.4.1　金属板材及其辅助材料的质量，板材应边缘整齐，表面应光滑，色泽应均匀，外形应规则，不得有翘曲、脱模和锈蚀等缺陷。

9.4.2　金属板材应用专用吊具安装，安装和运输过程中不得损伤金属板材。

9.4.3 金属板材应根据要求板型和深化设计的排版图铺设，并应按设计图纸规定的连接方式固定。

9.4.4 金属板固定支架或支座位置应准确，安装应牢固。

9.4.5 金属板铺装应平整、顺滑；排水坡度应符合设计要求；金属板屋面铺装的有关尺寸应符合下列规定：

（1）金属板檐口挑出墙面的长度不应小于200mm；

（2）金属板深入檐口、天沟内的长度不应小于100mm；

（3）金属泛水板与突出屋面墙体的搭接宽度不应小于250mm；

（4）金属泛水板、变形缝盖板与金属板的搭接宽度不应小于200mm；

（5）金属屋脊盖板在两坡面金属板上的搭盖宽度不应小于250mm。

9.4.6 压型金属板的咬口锁边连接应严密、连续、平整，不得扭曲和裂口。

9.4.7 压型金属板的紧固件连接应采用带防水垫圈的自攻螺钉，固定点应设在波峰上；所有自攻螺钉外露的部位均应密封处理。

9.4.8 金属面绝热夹芯板的纵向和横向搭接，应符合设计要求。

9.4.9 金属板的屋脊、檐口、泛水，直线段应顺直，曲线段应顺畅。

图 9.4-1 金属屋面设备基础防水

图 9.4-2 金属屋面天窗防水

图 9.4-3 金属屋面风帽防水

图 9.4-4 屋面通风口防水处理

图 9.4-5　屋面天沟防水附加处理

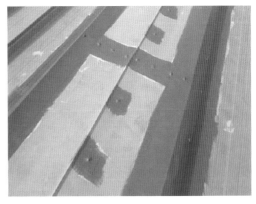

图 9.4-6　金属瓦固定钉防水防锈处理

图 9.4-7　金属屋面防水处理（1）

图 9.4-8　金属屋面防水处理（2）

图 9.4-9　金属屋面防水处理（3）

图 9.4-10　金属屋面质量检查

图 9.4-11　金属屋面檐口防水处理

图 9.4-12　金属屋面屋脊防水处理

图 9.4-13　金属屋面上人口防水处理

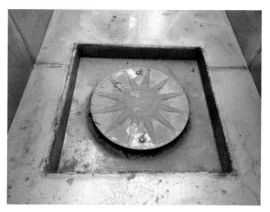

图 9.4-14　金属屋面虹吸雨水口防水处理

图 9.4-15　金属屋面管道口防水处理（1）

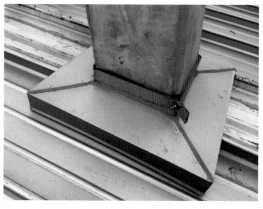

图 9.4-16　金属屋面管道口防水处理（2）

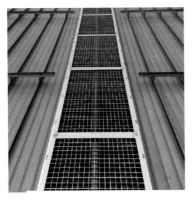 

图 9.4-17　金属屋面上人通行马道板　　　　图 9.4-18　金属屋面防风系统

图 9.4-19　雨棚直立锁边金属屋面　　　　图 9.4-20　雨棚金属屋面整齐
整齐美观（宁波站）　　　　　　　　　　美观（漳州站）

图 9.4-21　站房玻纤瓦屋面及雨棚金属屋面整齐美观（漳州站）

9.5　玻璃采光顶铺装

9.5.1　玻璃采光顶的预埋件应位置准确，安装应牢固。

9.5.2　采光顶玻璃及玻璃组件的制作，应符合现行行业标准《建筑玻璃采光顶》JG/T 231—2007 的有关规定。

9.5.3　采光顶玻璃表面应平整、洁净，颜色应均匀一致。

9.5.4 玻璃采光顶与周边墙体之间的连接,应符合设计要求。

9.5.5 硅酮耐候密封胶的打注应密实、连续、饱满,粘结应牢固,不得有气泡、开裂、脱落等缺陷。

9.5.6 玻璃采光顶铺装应平整、顺直;排水坡度应符合设计要求。

9.5.7 玻璃采光顶的冷凝水收集和排除构造,应符合设计要求。

图 9.5-1 点支撑采光顶玻璃(1)

图 9.5-2 点支撑采光顶玻璃(2)

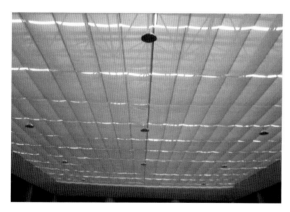

图 9.5-3 采光顶遮阳板

图 9.5-4 明框玻璃采光顶(1)

图 9.5-5 采光顶遮阳格栅

图 9.5-6 明框玻璃采光顶(2)

9.5.8 明框玻璃采光顶的外露金属框或压条应横平竖直，压条安装应牢固；隐框玻璃采光顶的玻璃分格拼缝应横平竖直，均匀一致。

9.5.9 点支撑玻璃采光顶的支承装置应安装牢固，配合应严密；支撑装置不得与玻璃直接接触。

9.5.10 采光顶玻璃的密封胶应横平竖直，深浅一致，宽窄应均匀，应光滑顺直。

图 9.5-7 玻璃采光顶与金属屋面交接处理

图 9.5-8 采光玻璃与天沟交接处理

10 细部构造工程

10.1 一般规定

10.1.1 细部构造工程一部包括：檐口、檐沟和天沟、女儿墙和山墙、水落口、变形缝、伸出屋面管道、屋面出入口、反梁过水孔、设施基座、屋脊、屋顶窗等分项工程。

10.1.2 细部构造工程各分项工程每个检验批应全数进行检验。

10.1.3 细部构造所使用卷材、涂料和密封材料的质量应符合设计要求，两种材料之间应具有相容性。

10.1.4 屋面细部构造热桥部位的保温处理，应符合设计要求。

10.2 檐口

10.2.1 檐口的防水构造应符合设计要求。

10.2.2 檐口的排水坡度应符合设计要求，檐口部位不得有渗漏和积水现象。

10.2.3 檐口 800mm 范围内的卷材应满粘。

10.2.4 卷材接头应在找平层的凹槽内用金属压条钉压固定，并应用密封材料封严。

10.2.5 涂膜收头应用防水涂料多遍涂刷。

10.2.6 檐口端部应抹聚合物防水砂浆，其下端应做成鹰嘴和滴水槽。

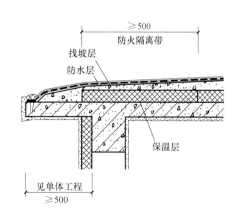
图 10.2-1 有保温屋面檐口构造做法示意图

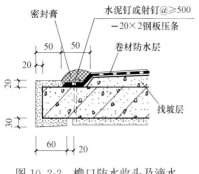

图 10.2-2 檐口防水收头及滴水
槽做法示意图（有射钉）

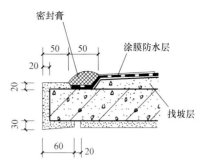

图 10.2-3 檐口防水收头及滴水
槽做法示意图（无射钉）

10.3 檐沟和天沟

10.3.1 檐沟、天沟的防水构造应符合设计要求。

10.3.2 檐沟、天沟的排水坡度应符合设计要求；沟内不得有渗漏和积水现象。

10.3.3 檐沟、天沟附加层铺设应符合设计要求。

10.3.4 檐沟防水层应由沟底翻上至外侧顶部，卷材收头应用金属压条钉压固定，并应用密封材料封严；涂膜收头应用防水涂料多遍涂刷。

10.3.5 檐沟外侧顶部及侧面均应抹聚合物水泥砂浆，其下端应做成鹰嘴或滴水槽。

图 10.3-1 天沟防水施工

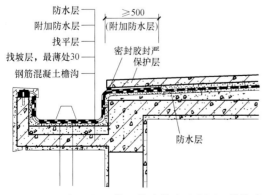

图 10.3-2 无保温屋面檐口构造做法示意图（带檐沟）

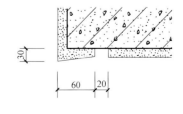

图 10.3-3 滴水槽做法示意图

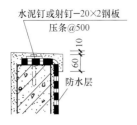

图 10.3-4　檐沟上反檐防水大样图（1）

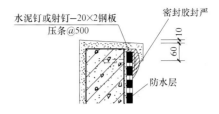

图 10.3-5　檐沟上反檐防水大样图（2）

图 10.3-6　屋面排水沟设置美观、坡度合理

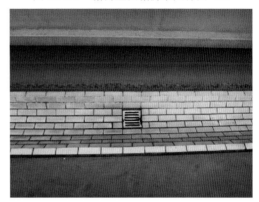

图 10.3-7　屋面排水沟雨水口设置

10.4　女儿墙和山墙

10.4.1　女儿墙和山墙的防水构造应符合设计要求。

10.4.2　女儿墙和山墙的压顶向内排水坡度不应小于 5％，压顶内侧下端应做成鹰嘴或滴水线。

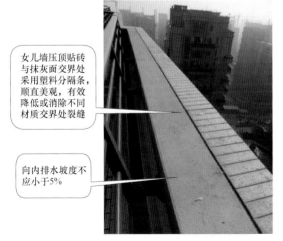

图 10.4.2-1　女儿墙压顶（1）

图 10.4.2-2　女儿墙压顶下滴水线

10.4.3　女儿墙和山墙的根部不得有渗漏和积水现象。

10.4.4　女儿墙和山墙的泛水高度计附加层应符合设计要求，泛水高度计算由面层向上算起，高度不小于 250mm。

向内排水坡度不应小于5%

图 10.4.2-3　女儿墙压顶（2）

图 10.4.2-4　女儿墙压顶（3）

图 10.4.2-5　女儿墙压顶（4）

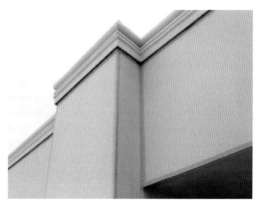

图 10.4.2-6　女儿墙压顶增加线脚美观大方

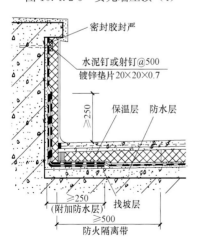

密封胶封严

水泥钉或射钉@500
镀锌垫片20×20×0.7

保温层　防水层

≥250

≥250
（附加防水层）　找坡层
≥500
防火隔离带

图 10.4.4-1　女儿墙泛水设置示意图

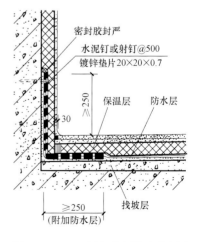

密封胶封严

水泥钉或射钉@500
镀锌垫片20×20×0.7

保温层　防水层

≥250

30

≥250
（附加防水层）　找坡层

图 10.4.4-2　山墙泛水设置示意图

10.4.5　女儿墙和山墙的卷材应满粘，卷材收头应用金属压条钉压固定，并应用密封材料封严。

图 10.4.5-1　女儿墙防水收头（1）　　　　图 10.4.5-2　女儿墙防水收头（2）

10.4.6　女儿墙和山墙的涂膜应直接涂刷至压顶下，涂膜收头应用防水涂料多遍涂刷。

10.4.7　屋面与女儿墙之间设 30mm 缝隙，用柔性密封材料嵌填严密。

图 10.4.7-1　屋面与女儿墙之间分格缝（1）　　图 10.4.7-2　屋面与女儿墙之间分格缝（2）

图 10.4.7-3　屋面与女儿墙之间分格缝（3）　　图 10.4.7-4　女儿墙拐角分格缝设置

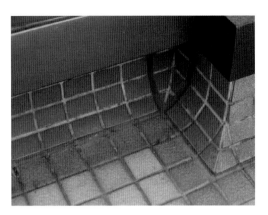

图 10.4.7-5 屋面与女儿墙之间分格缝（4）

图 10.4.7-6 屋面与女儿墙之间分格缝（5）

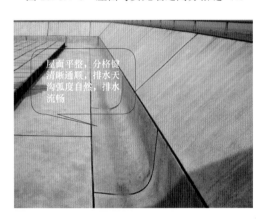

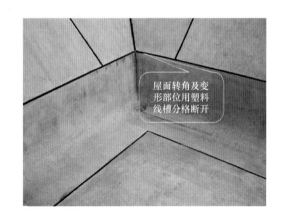

图 10.4.7-7 屋面女儿墙分格缝（抹灰）

10.4.8 块体材料女儿墙面层分隔缝间距≤1m，缝宽 20mm，用柔性密封材料嵌填严密。

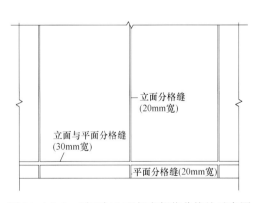

图 10.4.8-1 平面与立面相交部位分格缝示意图

图 10.4.8-2 女儿墙分格缝设置（1）

10.4.9 女儿墙拐角部位做 30mm 宽分隔缝，与屋面与女儿墙交接部位的分隔缝接通；屋面与女儿墙交接部位粘贴宽度较小的面砖，形成圆弧。圆弧半径根据防水卷材的种类确定。

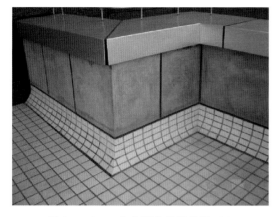

图 10.4.8-3 女儿墙分格缝设置（2）

图 10.4.8-4 女儿墙分格缝设置（3）

上下对缝
整齐一致

图 10.4.8-5 女儿墙分格缝设置（外侧）

屋面与女儿墙交接部位粘贴
宽度较小的面砖，形成圆弧

图 10.4.9-1 女儿墙拐角部位分格缝（1）

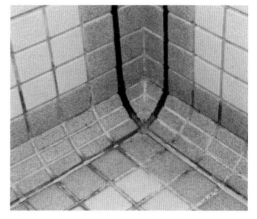

图 10.4.9-2 女儿墙拐角部位分格缝（2）

10.4.10 女儿墙泛水保护层分格要适当，宜为 1.0m，做到不空裂，女儿墙压顶坡向正确，压顶及内侧抹灰不空裂。

图 10.4.10-1　女儿墙及泛水分格缝设置

图 10.4.10-2　屋面设备基础泛水分格缝设置

屋面墙根圆弧造型，有效缓解滴水
穿透力，具有保护屋面的作用

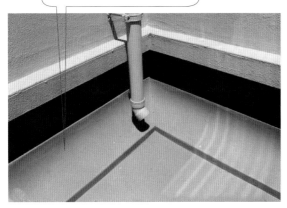

图 10.4.10-3　山墙泛水圆弧构造（1）

图 10.4.10-4　山墙泛水圆弧构造（2）

10.5　水落口

10.5.1　水落口的防水构造应符合设计要求。

10.5.2　水落口杯上口应设在沟底的最低处；水落口处不得有渗漏和积水现象。

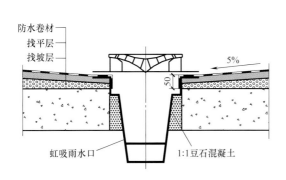

防水卷材
找平层
找坡层
50
5%
虹吸雨水口
1:1豆石混凝土

图 10.5-1　屋面内排水雨水口卷材防水收头做法示意图

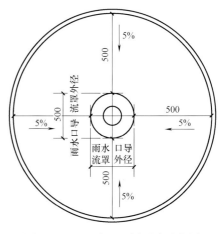

图 10.5-2　雨水口四周照片示意图

10.5.3 水落口的数量和位置应符合设计要求；水落口杯应安装牢固。

10.5.4 水落口周围直径500mm范围内坡度不应小于5%，水落口周围的附加层铺设应符合设计要求。

10.5.5 防水层及附加层深入水落口杯内不应小于50mm，并应粘结牢固。

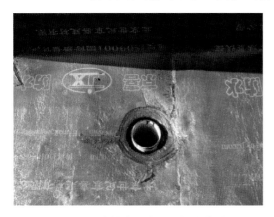

图10.5-3 屋面内排水雨水口卷材防水收口（1）

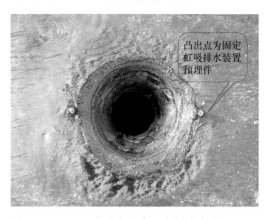

图10.5-4 屋面内排水雨水口卷材防水收口（2）

图10.5-5 屋面雨水口做法示意图（1）

图10.5-6 屋面雨水口做法示意图（2）

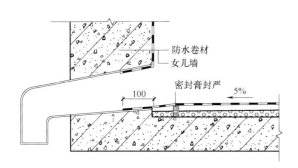

图10.5-7 女儿墙雨水口节点防水做法示意图

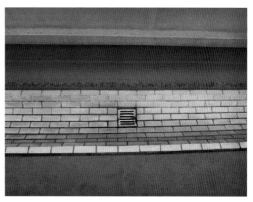

图10.5-8 侧排式雨水口

10.6 变形缝

10.6.1 变形缝的防水构造应符合设计要求。

10.6.2 变形缝处不得有渗漏和积水现象。

10.6.3 变形缝的泛水高度计附加层应符合设计要求。

10.6.4 防水层应铺贴或涂刷至泛水墙的顶部。

10.6.5 等高变形缝顶部宜加扣混凝土或金属盖板。混凝土盖板的接缝应用密封材料封严；金属盖板应铺钉牢固，搭接缝应顺流水方向，并应做好防锈处理。

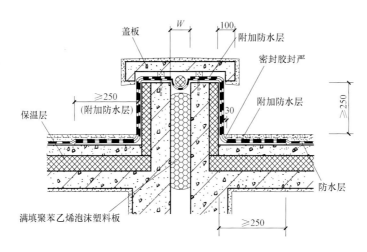

图 10.6.5-1 等高变形缝设置示意图（加扣混凝土盖板）

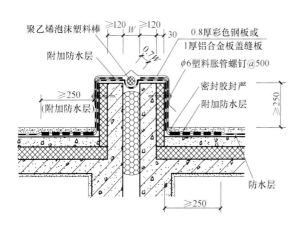

图 10.6.5-2 等高变形缝设置示意图
（加扣金属盖板）

图 10.6.5-3 等高变形缝设置
（加扣金属盖板）

10.6.6 高低跨变形缝在高跨墙面上的防水卷材封盖和金属盖板，应用金属压条钉压固定，并应用密封材料封严。

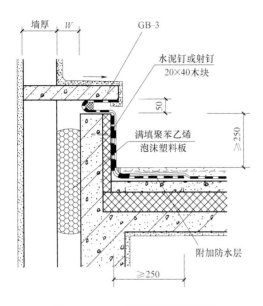

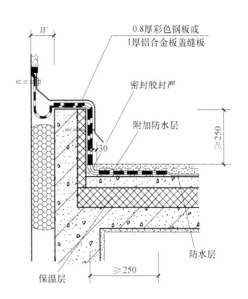

图 10.6.6-1　高低跨变形缝设置
（加扣混凝土盖板）

图 10.6.6-2　高低跨变形缝设置
（加扣金属盖板）

10.7　伸出屋面管道

10.7.1　伸出屋面管道的防水构造应符合设计要求。

10.7.2　伸出屋面管道根部不得有渗漏和积水现象。

10.7.3　伸出屋面管道的泛水高度计附加层铺设，应符合设计要求。

图 10.7.3-1　出屋面管道防水附加设置（1）

图 10.7.3-2　出屋面管道防水附加设置（2）

10.7.4　伸出屋面管道周围的找平层应抹出高度不小于 30mm 的排水坡。

10.7.5　出屋面的管根部位上下各延贴 250mm 的卷材附加层，卷材防水层收头应用金属箍固定，并应用密封材料封严；涂膜防水层收头应用防水涂料多遍涂刷。

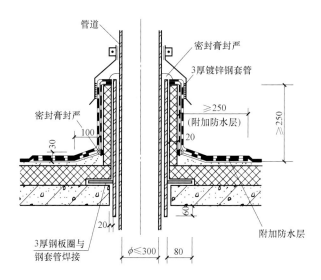

图 10.7.5-1　出屋面管道防水收头示意图

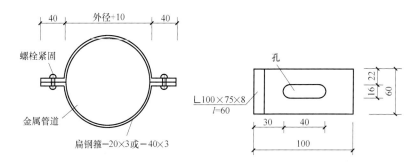

图 10.7.5-2　管箍示意图

图 10.7.5-3　群管出屋面套管管根处理

图 10.7.5-4　出屋管道管根处理（抹灰）

图 10.7.5-5　出屋管道管根处理（贴砖）（1）　　　图 10.7.5-6　出屋管道管根处理（贴砖）（2）

10.7.6　排气管出屋面高度 2m，排气管出屋面，多根应等高。

图 10.7.6-1　造型美观的屋面通气管（1）

图 10.7.6-2　造型美观的屋面通气管（2）　　　图 10.7.6-3　三种出屋面管道处理

10.8　屋面出入口

10.8.1　屋面出入口的防水构造应符合设计要求。

10.8.2　屋面出入口处不得有渗漏和积水现象。

10.8.3 屋面垂直出入口防水层收头应压在压顶圈下，附加层铺设应符合设计要求。

10.8.4 屋面水平出入口防水层收头应压在混凝土踏步下，附加层铺设和护墙应符合设计要求。

10.8.5 屋面出入口的泛水高度不应小于250mm。

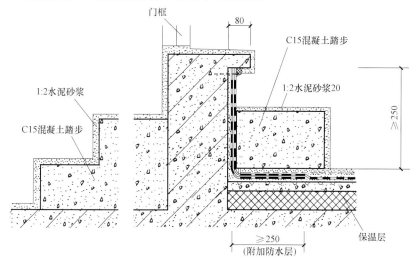

图 10.8-1 屋面出入口设置示意图

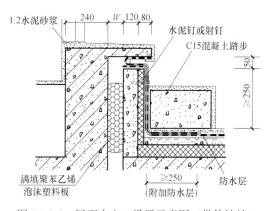

图 10.8-2 屋面出入口设置示意图（带伸缩缝）

图 10.8-3 屋面出入口贴砖对缝

10.9 反梁过水孔

10.9.1 反梁过水孔的防水构造应符合设计要求。

10.9.2 反梁过水孔处不得有渗漏和积水现象。

10.9.3 反梁过水孔的孔底标高、孔洞尺寸或预埋管管径，均应符合设计要求。

10.9.4 反梁过水孔的孔洞四周应涂刷防水涂料；预埋管道两端周围与混凝土接触处应留凹槽，并应用密封材料封严。

10.10 设施基座

10.10.1 设施基座的防水构造应符合设计要求。

10.10.2 设施基础处不得用渗漏和积水现象。

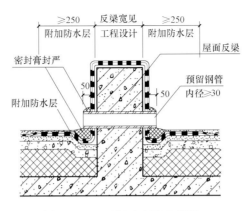

图 10.9-1 反梁过水孔示意图

图 10.9-2 过水口成排成线

图 10.9-3 过水口标高设置合理

图 10.9-4 过水孔四周面砖粘贴

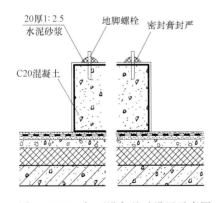

图 10.10-1 轻型设备基础设置示意图

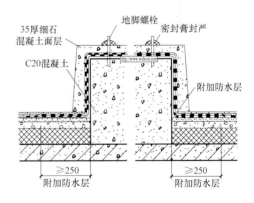

图 10.10-2 重型设备基础设置示意图

10.10.3 设施基座与结构层相连时，防水层应包裹设施基础的上部，并应在地脚螺栓周围做密封处理。

10.10.4 设施基座直接放置在防水层上时，设施基座下部应增设附加层，必要时应在其上浇筑细石混凝土，其厚度不应小于50mm。设备基础根部采用宽度较小的面砖做成圆弧，圆弧半径根据防水材料的种类确定。

10.10.5 需经常维护的设施基座周围和屋面出入口至设施之间的人行道，应铺设块体材料或细石混凝土保护层。

10.10.6 屋面出风口上下挑檐面砖对缝；立面砖与屋面砖对缝出风口根部四周有设30mm宽分隔缝。设备基础面砖与屋面砖对缝。

图 10.10-3 混凝土墩座泛水弧度统一美观

图 10.10-4 灯座泛水设计别致，做工精细（1）

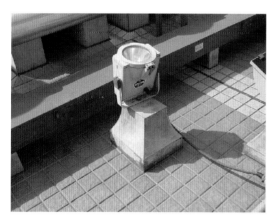

图 10.10-5 灯座泛水设计别致，做工精细（2）

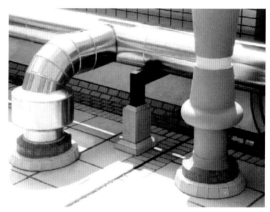

图 10.10-6 管道基座贴砖细致美观

图 10.10-7 设备基础面砖与屋面砖对缝（1）

图 10.10-8 设备基础面砖与屋面砖对缝（2）

图 10.10-9　设备基础面砖与屋面砖对缝（3）

图 10.10-10　设备基础面砖与屋面砖对缝（4）

图 10.10-11　设备基础面砖与屋面砖对缝（5）

图 10.10-12　设备基础面砖与屋面砖对缝（6）

图 10.10-13　设备基础面砖与屋面砖对缝（7）

图 10.10-14　设备基础面砖与屋面砖对缝（8）

图 10.10-15　设备基础面砖与屋面砖对缝（9）　　图 10.10-16　设备基础面砖与屋面砖对缝（10）

图 10.10-17　设备基础面砖与屋面砖对缝（11）　　图 10.10-18　设备基础面砖与屋面砖对缝（12）

10.11　屋脊

10.11.1　屋脊的防水构造应符合设计要求

10.11.2　屋脊处不得有渗漏现象。

10.11.3　平脊和斜脊铺设应顺直，应无起伏现象。

10.11.4　脊瓦隐蔽工程搭盖正确，间距应均匀，封固应严密。

图 10.11-1　屋顶脊瓦搭盖正确，顺直美观　　图 10.11-2　屋顶高低跨脊瓦设置

图 10.11-3 屋顶脊瓦设置及防水处理

10.12 屋顶窗

10.12.1 屋顶窗的防水构造应符合设计要求。

10.12.2 屋顶窗及其周围不得有渗漏现象。

10.12.3 屋顶窗用金属排水板、窗框固定铁脚与屋面连接牢固。

10.12.4 屋顶窗用窗口防水卷材应铺贴平整，粘结应牢固。

图 10.12-1 屋顶窗防水处理

图 10.12-2 玻璃采光顶屋顶窗安装

图 10.12-3 瓦屋面屋顶窗安装

图 10.12-4 瓦屋面屋顶窗安装外侧效果

10.13 屋面排气构造

10.13.1 屋面排气构造设置应符合下列规定：

（1）找平层设置的分格缝可兼作排气道，排气道的宽度宜为40mm；

（2）排气道应纵横贯通，并应与大气连通的排气道想通，排气孔可设置在檐口下纵横排气道交叉处；

（3）排气道纵横间距宜为6m，屋面面积36m² 宜设置一个排气孔，排气孔应做防水处理；

（4）在保温层下也可铺设带支点的塑料板。

10.13.2 排气道应与保温层连通，排气道内可填入透气性好的材料。

10.13.3 施工时，排气道及排气孔均不得被堵塞。

10.13.4 屋面纵横排气道的交叉处可埋设金属或塑料排气管，排气管宜设置在结构层上，穿过保温层及排气道的管壁四周应打孔。

10.13.5 排气管应做好防水处理。

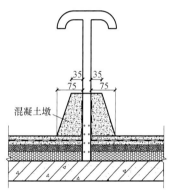

图 10.13-1 排气管设置
示意图

图 10.13-2 排气管根部
防护示意图 （1）

图 10.13-3 排气管根部防
护示意图 （2）

图 10.13-4 排气管打胶保护

图 10.13-5 排气管安装整体效果

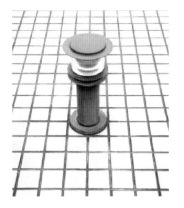

图 10.13-6　屋面排气孔设置，设置在一块地砖的正中或分格缝中（1）

图 10.13-7　屋面排气孔设置，设置在一块地砖的正中或分格缝中（2）

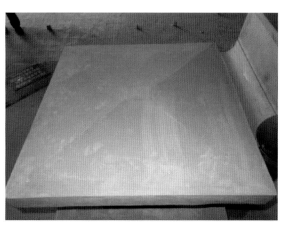

图 10.13-8　屋面排气道（风帽）　　　　图 10.13-9　屋面排气道顶设置排水坡度

图 10.13-10　屋面排气道（风帽）（1）

图 10.13-11　屋面排气道（风帽）（2）

图 10.13-12　屋面排气道（风帽）（3）

图 10.13-13　屋面排气道、排气管对称美观

10.14　屋面其他

10.14.1　水簸箕

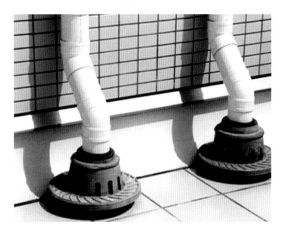

图 10.14.1-1　定制的接水簸箕（1）

图 10.14.1-2　定制的接水簸箕（2）

图 10.14.1-3　用墙体相同材料粘贴的接水簸箕　　　图 10.14.1-4　水簸箕、箅子做工规范

图 10.14.1-5　定制的接水簸箕（3）

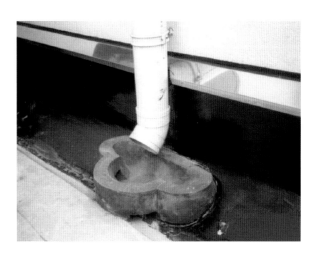

图 10.14.1-6　砌筑抹灰簸箕　　　　　　图 10.14.1-7　水落管、承水斗设置合理

10.14.2 防护栏杆

图 10.14.2-1 防护栏杆打胶（1）

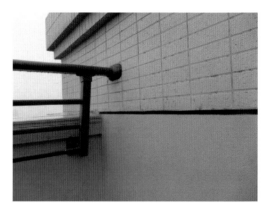
图 10.14.2-2 防护栏杆打胶（2）

图 10.14.2-3 女儿墙压顶面砖排砖合理，立杆设置不锈钢圆台美观实用

图 10.14.2-4 侧装式防护栏杆

图 10.14.2-5 屋面通道防护栏杆

图 10.14.2-6 屋面防护栏杆排布设置

10.14.3 墙体埋件部位做法

（1）屋面爬梯埋件四周采用同系列面砖独立排布粘贴；

（2）屋面立管与墙面连接部位，采用同系列面砖粘贴成圆形；

（3）立杆根部加装饰盖，装饰盖四周打胶均匀。

爬梯安装提前策划，使爬梯埋件置于面砖中间，美观大方

图 10.14.3-1 爬梯埋件安装装饰

图 10.14.3-2 管道安装固定点装饰

图 10.14.3-3 法兰收口

图 10.14.3-4 不锈钢爬梯

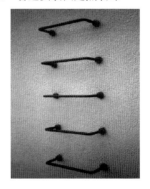

图 10.14.3-5 圆钢爬梯

10.14.4 屋面栈桥

过设备管道采用钢梯做栈桥，踏步粘贴通体砖；踏步中线对准屋面分隔缝。

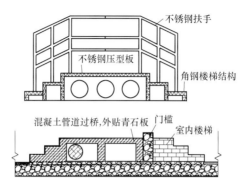

图 10.14.4-1 屋面过桥架示意图

图 10.14.4-2 屋面过桥架安装（1）

图 10.14.4-3 屋面过桥架安装（2）

图 10.14.4-4 屋面过桥架安装（3）

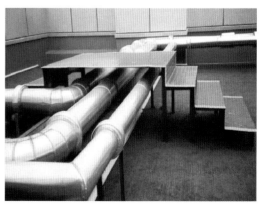

图 10.14.4-5 屋面过桥架安装（4）

图 10.14.4-6　屋面过桥架安装（5）

图 10.14.4-7　屋面过桥架安装（6）

10.14.5　其他

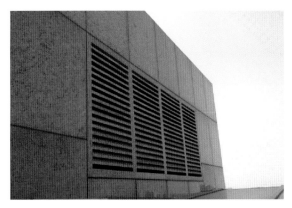
图 10.14.5-1　屋面机房排风百叶设置（1）

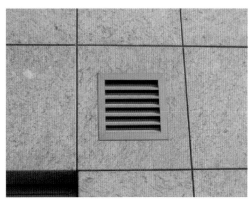
图 10.14.5-2　屋面机房排风百叶设置（2）

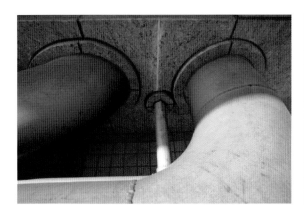
图 10.14.5-3　屋面穿墙管道，石材设置伸缩缝

图 10.14.5-4　屋面航空障碍指示灯

图 10.14.5-5 预留擦窗机埋件采用
装饰物遮盖，醒目、美观

图 10.14.5-6 屋面雨水簸箕装饰，
整洁、美观

11 屋面工程验收

11.1 检验批划分

屋面工程各分项工程宜按屋面面积每 500～1000m² 划分为一个检验批，不足 500m²应按一个检验批；每个检验批的抽检数量按各子分部工程的规定执行，具体如下：

（1）基层与保护工程、保温与隔热工程、瓦面与板面工程：应按屋面面积每 100m² 抽查一处，每处应为 10m²，且不得少于 3 处。

（2）防水与密封工程：防水层按上条执行；接缝密封防水应按每 50m 抽查一处，每处应为 5m，且不得少于 3 处。

（3）细部构造工程各分项工程每个检验批应全数进行检验。

11.2 屋面工程应对下列部位进行隐蔽工程验收

（1）卷材、涂膜防水层的基层；

（2）保温层的隔汽层和排汽措施；

（3）保温层的铺设方式、厚度、板材缝隙填充质量及热桥部位的保温措施；

（4）接缝的密封处理；

（5）瓦材与基层的固定措施；

（6）檐沟、天沟、泛水、水落口和变形缝等细部做法；

（7）在屋面易开裂和渗水部位的附加层；

（8）保护层与卷材、涂膜防水之间的隔离层；

（9）金属板材与基层的固定和板缝间的密封处理；

（10）坡度较大时，防止卷材和保温层下滑的措施。

11.3 屋面工程观感质量检查应符合下列要求

（1）卷材铺贴的方向应正确，搭接缝应粘结或焊接牢固，搭接宽度应符合设计要求，表面应平整，不得有扭曲、皱折和翘边等缺陷；

（2）涂膜防水层粘结应牢固，表面应平整，涂刷应均匀，不得有流淌、起泡和露胎体等缺陷；

（3）嵌填密封材料应与接缝两侧粘结牢固，表面应平滑，缝边应顺直，不得有气泡、开裂和剥离等缺陷；

（4）檐口、檐沟、天沟、女儿墙、山墙、水落口、变形缝和伸出屋面管道等防水构造，应符合设计要求；

（5）烧结瓦、混凝土瓦铺装应平整、牢固，应行列整齐，搭接应紧密，檐口应顺直；脊瓦应搭盖正确，间距应均匀，封固应严密；正脊和斜脊应顺直，应无起伏现象；泛水应顺直整齐，结合应严密；

（6）沥青瓦铺装应搭接正确，瓦片外露部分不得超过切口长度，钉帽不得外露；沥青瓦应与基层钉粘牢固，瓦面应平整，檐口应顺直；泛水应顺直整齐，结合应紧密；

（7）金属板铺装应平整、顺滑；连接应正确，接缝应严密；屋脊、檐口、泛水直线度应顺直，曲线段应顺畅；

（8）玻璃采光顶铺装应平整、顺直，外露金属框或压条应横平竖直，压条应安装牢固；玻璃密封胶缝应横平竖直、深浅一致，宽窄应均匀，应光滑顺直；

（9）上人屋面或其他使用功能屋面，其保护及铺面应符合设计要求。

11.4 蓄水试验

检查屋面有无渗漏、积水和排水系统是否通畅，应在雨后或持续淋水 2h 后进行，并应填写淋水试验记录。具备蓄水条件的檐沟、天沟、屋面应进行蓄水试验，蓄水时间不得少于 24h，并应填写蓄水验收记录。

第 2 章　楼地面工程

建筑楼地面工程施工前，应做好下列技术准备工作：

（1）进行图纸会审，复核设计做法是否符合现行国家规范的要求。

（2）复核结构与建筑标高差是否满足各构造层总厚度及找坡的要求。

（3）实测楼层结构标高，根据实测结果调整建筑地面的做法。结构误差较大的应做适当处理，如局部剔凿，局部增加细石混凝土找平层等；外委加工的各种门框的安装，应以调整后的建筑标高为依据。

（4）对板块面层的排版如无设计要求，应依据现场情况作排版设计。对大理石（花岗石）面层及楼梯，应根据结构的实际尺寸和排版设计提出加工计划。

（5）施工前应编制施工方案和进行技术交底，必要时先做样板间，经业主（监理）或设计认可后再大面积施工。

1　楼地面工程主要相关规范标准

本条所列的是与楼地面工程施工相关的主要国家和行业规范、规程和图集，项目部应根据实际施工的内容和做法配置对应的规范、规程和图集。地方标准由于各地要求不一致，未进行列举，但在各地施工时必须参考。

《建筑地面工程施工质量验收规范》GB 50209

《建筑地面设计规范》GB 50037

《土方与爆破工程施工及验收规范》GB 50201

《木质地板铺装、验收和使用规范》GB/T 20238

《民用建筑工程室内环境污染控制规范》GB 50325

《住宅装饰装修工程施工规范》GB 50327

《环氧树脂自流平地面工程技术规范》GB/T 50589

《室内装饰装修材料　聚氯乙烯卷材地板中有害物质限量》GB 18586

《辐射供热供冷技术规程》JGJ 142

《自流平地面工程技术规程》JGJ/T 175

《住宅室内防水工程技术规范》JGJ 298

《住宅室内装修工程质量验收规范》JGJ/T 304

《建筑地面工程防滑技术规程》JGJ/T 331

《楼地面建筑构造》J 304

2 强制性条文

2.1 《建筑地面工程施工质量验收规范》GB 50209—2010 强制性条文

（1）（第3.0.3条）建筑地面工程采用的材料或产品应符合设计要求和国家现行有关标准的规定。无国家现行标准的，应具有省级住房和城乡建设行政主管部门的技术认可文件。材料或产品进场时还应符合下列规定：

① 应有质量合格证明文件；

② 应对型号、规格、外观等进行验收，对重要材料或产品应抽样进行复验。

（2）（第3.0.5条）厕浴间和有防滑要求的建筑地面应符合设计防滑要求。

（3）（第3.0.18条）厕浴间、厨房和有排水（或其他液体）要求的建筑地面面层与相连接各类面层的标高高差应符合设计要求。

（4）（第4.9.3条）有防水要求的建筑地面工程，铺设前必须对立管、套管和地漏与楼板节点之间进行密封处理，并应进行隐蔽验收；排水坡度应符合设计要求。

（5）（第4.10.11条）厕浴间和有防水要求的建筑地面必须设置防水隔离层。楼层结构必须采用现浇混凝土或整块预制混凝土板，混凝土强度等级不应小于C20；房间的楼板四周除门洞外应做混凝土翻边，高度不应小于200mm，宽同墙厚，混凝土强度等级不应小于C20。施工时结构层标高和预留洞位置应准确，严禁乱凿洞。

（6）（第4.10.13条）防水隔离层严禁渗漏，排水的坡向应正确、排水通畅。

（7）（第5.7.4条）不发火（防爆）面层中碎石的不发火性必须合格；砂应质地坚硬、表面粗糙，其粒径应为0.15～5mm，含泥量不应大于3%，有机物含量不应大于0.5%；水泥应采用硅酸盐水泥、普通硅酸盐水泥；面层分格的嵌条应采用不发生火花的材料配制。配制时应随时检查，不得混入金属或其他易发生火花的杂质。

2.2 《建筑地面设计规范》GB 50037—2013 强制性条文

（1）（第3.2.1条）公共建筑中，经常有大量人员走动或残疾人、老年人、儿童活动及轮椅、小型推车行驶的地面，其地面面层应采用防滑、耐磨、不易起尘的块材面层或水泥类整体面层。

（2）（第3.2.2条）公共场所的门厅、走道、室外坡道及经常用水冲洗或潮湿、结露等容易受影响的地面，应采用防滑面层。

（3）（第3.8.5条）不发火花的地面，必须采用不发火花材料铺设，地面铺设材料必须经不发火花检验合格后方可使用。

（4）（第3.8.7条）生产和储存食品、食料或药物的场所，在食品、食料或药物有可能直接与地面接触的地段，地面面层严禁采用有毒的材料。当此场所生产和储存吸味较强的食物时，地面面层严禁采用散发异味的材料。

2.3 《民用建筑工程室内环境污染控制规范》GB 50325—2010 强制性条文

（1）（第3.1.2条）民用建筑工程所使用的无机非金属装修材料，包括石材、建筑卫生陶瓷、石膏板、吊顶材料、无机瓷质砖粘结材料等，进行分类时，其放射性限量应符合表 3.1.2 的规定。

无机非金属装修材料放射性限量 表 3.1.2

测定项目	限量	
	A	B
内照射指数 I_{Ra}	≤1.0	≤1.3
外照射指数 I_γ	≤1.3	≤1.9

(2)（第 4.3.2 条）Ⅰ类民用建筑工程室内装修采用的无机非金属装修材料必须为 A 类。

(3)（第 4.3.9 条）Ⅰ类民用建筑工程室内装修中所使用的木地板及其他木质材料，严禁采用沥青、煤焦油类防腐、防潮处理剂。

2.4 《辐射供热供冷技术规程》JGJ 142—2012 强制性条文

（第 3.2.2 条）直接与室外空气接触的楼板或与不供暖供冷房间相邻的地板作为供暖供冷辐射地面时，必须设置绝热层。

2.5 《土方与爆破工程施工及验收规范》GB 50201—2012 强制性条文

（第 4.5.4 条）土方回填应填筑压实，且压实系数应满足设计要求。当采用分层回填时，应在下层的压实系数经试验合格后，才能进行上层施工。

2.6 《住宅室内防水工程技术规范》JGJ 298—2013 强制性条文

(1)（第 4.1.2 条）住宅室内防水工程不得使用溶剂型防水涂料。

(2)（第 5.2.1 条）卫生间、浴室的楼、地面应设置防水层，墙面、顶棚应设置防潮层，门口应有组织积水外溢的措施。

(3)（第 7.3.6 条）防水层不得渗漏。

检验方法：在防水层完成后进行蓄水试验，楼、地面蓄水高度不应小于 20mm，蓄水时间不应小于 24h；独立水容器应满池蓄水，蓄水时间不应小于 24h。

3 基 本 要 求

3.1 原材料要求

3.1.1 建筑地面工程采用的材料或产品应符合设计要求和国家现行有关标准的规定。无国家现行标准的，应具有省级住房和城乡建设行政主管部门的技术认可文件。材料或产品进场时还应符合下列规定：

(1) 应有质量合格证明文件；

(2) 应对型号、规格、外观等进行验收，对重要材料或产品应抽样进行复验，复验的项目应齐全，复验的次数应符合规范的要求。

【备注："质量合格证明文件"是指：随同进场材料或产品一同提供的、有效的中文质量状况证明文件。通常包括型式检验报告、出厂检验报告、出厂合格证等。进口产品还应包括出入境商品检验合格证明。】

3.1.2 建筑地面工程采用的大理石、花岗石、料石等天然石材以及砖、预制板块、地毯、人造板材、胶粘剂、涂料、水泥、砂、石、外加剂等材料或产品应符合国家现行有关室内环境污染控制和放射性、有害物质限量的规定，材料进场时应具有检测报告。

3.1.3 民用建筑工程室内饰面采用的天然花岗石或瓷质砖使用面积大于200m² 时，应对不同产品、不同批次材料分别进行放射性指标的抽查复验。

3.2 技术要求

3.2.1 厕浴间和有防滑要求的建筑地面应符合设计防滑要求。

3.2.2 厕浴间、厨房和有排水（或其他液体）要求的建筑地面面层与相连接各类面层的标高高差应符合设计要求。

【备注：《住宅室内防水工程技术规范》JGJ 298 第5.3.2 条第5 款规定："对于有排水的楼、地面，应低于相邻房间楼、地面20mm 或做挡水门槛；当需进行无障碍设计时，应低于相邻房间面层15mm，并以斜坡过渡。"】

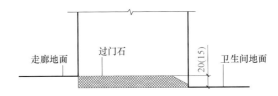

图 3.2.2-1 卫生间过门石倒边示意图

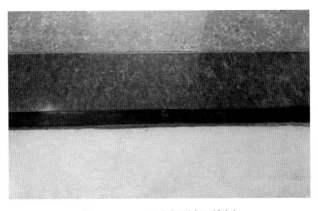

图 3.2.2-2 卫生间过门石倒边

3.2.3 有种植要求的建筑地面，其构造做法应符合设计要求和现行行业标准《种植屋面技术规程》JGJ 155 的有关规定。设计无要求时，种植地面应低于相邻建筑地面50mm 以上或作坎台处理。

3.2.4 地面辐射供暖系统的设计、施工及验收应符合现行行业标准《辐射供暖供冷技术规程》JGJ 142 的有关规定。

3.2.5 建筑地面工程施工时，各层环境温度的控制应符合材料或产品的技术要求，并应符合下列规定：

（1）采用掺有水泥、石灰的拌合料铺设以及用石油沥青胶结料铺贴时，不应低于5℃；

（2）采用有机胶粘剂粘贴时，不应低于10℃；

（3）采用砂、石材料铺设时，不应低于0℃；

（4）采用自流平、涂料铺设时，不应低于5℃，也不应高于30℃。

3.2.6　铺设有坡度的地面应采用基土高差达到设计要求的坡度；铺设有坡度的楼面（或架空地面）应采用在结构楼层板上变更填充层（或找平层）铺设的厚度或以结构起坡达到设计要求的坡度。

3.2.7　建筑物室内接触基土的首层地面施工应符合设计要求，并应符合下列规定：

（1）在冻胀性土上铺设地面时，应按设计要求做好防冻胀土处理后方可施工，并不得在冻胀土层上进行填土施工；

（2）在永冻土上铺设地面时，应按建筑节能要求进行隔热、保温后方可施工。

3.2.8　水泥混凝土散水、明沟应设置伸、缩缝，其延长米间距不得大于10m，对日晒强烈且昼夜温差超过15℃的地区，其延长米间距宜为4～6m。水泥混凝土散水、明沟和台阶等与建筑物连接处及房屋转角处应设缝处理。上述缝的宽度应为15～20mm，缝内应填嵌柔性密封材料。

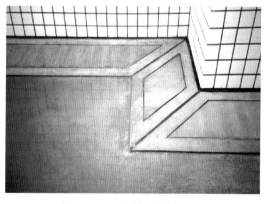

图3.2.8-1　混凝土散水（1）

图3.2.8-2　混凝土散水（2）

3.2.9　建筑地面的变形缝应按设计要求设置，并应符合下列规定：

图3.2.9-1　地面铝合金变形缝

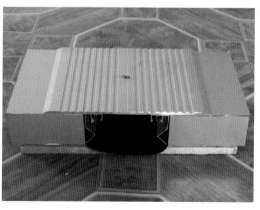

图3.2.9-2　地面铝合金变形缝实物图

图 3.2.9-3　地面不锈钢变形缝

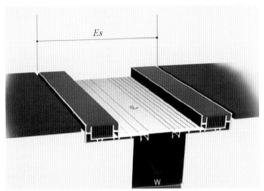

图 3.2.9-4　地面变形缝构造图

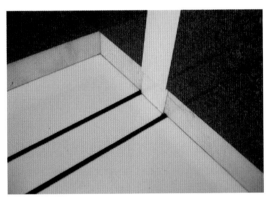

图 3.2.9-5　地面地砖变形缝

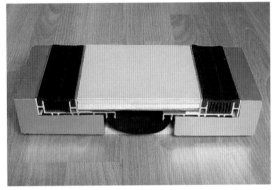

图 3.2.9-6　地面地砖变形缝构造

图 3.2.9-7　地面石材变形缝（1）

图 3.2.9-8　地面石材变形缝（2）

（1）建筑地面的沉降缝、伸缝、缩缝和防震缝，应与结构相应缝的位置一致，且应贯通建筑地面的各层构造；

（2）沉降缝和防震缝的宽度应符合设计要求，缝内清理干净，以柔性密封材料嵌填后用板封盖，并应与面层平齐。

3.2.10　当建筑地面采用镶边时，建筑地面的镶边宜与柱、墙面或踢脚的变化协调一致。

3.2.11　检验同一施工批次、同一配合比水泥混凝土和水泥砂浆强度的试块，应按每一层（或检验批）建筑地面工程部少于1组。当每一层（或检验批）建筑地面工程面积大于 1000m² 时，每增加 1000m² 应增做 1 组试块；小于 1000m² 按 1000m² 计算，取样 1 组；检验同一施工批次、同一配合比的散水、明沟、踏步、台阶、坡道的水泥混凝土、水泥砂浆强度的试块，应按每 150 延长米不少于 1 组。

3.2.12 建筑地面工程的分项工程施工质量检验的主控项目，应达到《建筑地面工程施工质量验收规范》规定的质量标准，认定为合格；一般项目 80% 以上的检查点（处）符合规范规定的质量要求，其他检查点（处）不得有明显影响使用，且最大偏差不超过允许偏差值的 50% 为合格。

3.3 施工程序

3.3.1 建筑地面下的沟槽、暗管、保温、隔热、隔声等工程完工后，应经检验合格并做隐蔽记录，方可进行建筑地面工程的施工。

3.3.2 建筑地面工程基层（各构造层）和面层的铺设，均应待其下一层检验合格后方可施工上一层。建筑地面工程各层铺设前与相关专业的分部（子分部）工程、分项工程以及设备管道安装工程之间，应进行交接检验。

3.3.3 各类面层的铺设宜在室内装饰工程基本完工后进行。木、竹面层、塑料板面层、活动地板面层、地毯面层的铺设，应待抹灰工程、管道试压等完工后进行。

3.3.4 地面辐射供暖系统施工验收合格后，方可进行面层铺设。

3.3.5 在有防静电要求的整体面层的找平层施工前，其下敷设的导电地网系统应与接地引下线和地下有接电体有可靠连接，经电性能检测且符合相关要求后进行隐蔽工程验收。

3.3.6 建筑地面工程完工后，应对面层采取保护措施。

4 基 层 铺 设

4.1 一般规定

4.1.1 基层铺设的材料质量、密实度和强度等级（或配合比）等应符合设计要求和《建筑地面工程施工质量验收规范》GB 50209 的规定。

4.1.2 基层铺设前，其下一层表面应干净、无积水。

4.1.3 基层分段施工时，接槎处应做成阶梯形，每层接槎处的水平距离应错开 0.5～1.0m。接槎处不应设在地面荷载较大的部位。

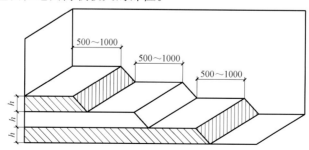

图 4.1.3-1 基层分层铺设示意图

4.1.4 当垫层、找平层、填充层内埋设暗管时，管道应按设计要求予以稳固。

4.1.5 对有防静电要求的整体地面的基层，应清除残留物，将露出基层的金属物涂绝缘漆两遍晾干。

4.2 基土

4.2.1 地面应铺设在均匀密实的基土上。土层结构被扰动的基土应进行换填，并予以压实。压实系数应符合设计要求，设计无具体要求时，不应小于0.9。

4.2.2 对软弱土层应按设计要求进行处理，处理后应按《建筑地基基础工程施工质量验收规范》GB 50202和《建筑地基处理技术规范》JGJ 79的规定进行验收。

4.2.3 填土应分层摊铺、分层压（夯）实、分层检验其密实度。填土质量应符合《建筑地基基础工程施工质量验收规范》GB 50202的有关规定。填筑厚度及压实遍数应根据土质，压实系数及所用机具确定。如无试验依据，应符合表4.2.3-1的规定。土方回填不宜安排在冬期施工，当必须安排在冬期施工，必须做好相关准备。冬期回填每层铺料压实厚度应比常温施工时减少20%～25%。

填土施工时的分层厚度及压实遍数   表4.2.3-1

压实机具	分层厚度(mm)	每层压实遍数
平碾	250～300	6～8
振动压实机	250～350	3～4
柴油打夯机	200～250	3～4
人工打夯	＜200	3～4

4.2.4 土方回填施工时应符合下列规定：

（1）碾压机械压实回填时，一般先静压后振动或先轻后重，并控制行驶速度，平碾和振动碾不宜超过2km/h，羊角碾不宜超过3km/h。

（2）每次碾压，机具应从两侧向中央进行，主轮应重叠150mm以上。

（3）对有排水沟、电缆沟、涵洞、挡土墙等结构的区域进行回填时，可用小型机具或人工分层夯实。填料宜使用砂土、砂砾石、碎石等，不宜用黏土回填。在挡土墙泄水孔附近应按设计做好滤水层和排水盲沟。

（4）施工中应防止出现翻浆或弹簧土现象，特别是雨期施工时，应集中力量分段回填碾压，还应加强临时排水设施，回填面应保持一定的流水坡度，避免积水。对于拒不翻浆或弹簧土可以采取换填或翻松晾晒等方法处理。在地下水位较高的区域施工时，应设置盲沟疏干地下水。

4.2.5 填土时应为最优含水量。重要工程或大面积的地面填土前，应取土样，按击实试验确定最优含水率与相应的最大干密度。填土含水率量与最佳含水量的偏差控制在±2%范围内。

4.2.6 Ⅰ类民用建筑工程当采用异地土作为回填土时，该回填土应进行镭-226、钍-232、钾-40的比活度测定。当内照射指数（I_{Ra}）不大于1.0和外照射指数（I_γ）不大于1.3时，方可使用。

4.3 灰土垫层

4.3.1 灰土垫层应采用熟化石灰与黏土（或粉质黏土、粉土）的拌合料铺设，其厚度不应小于 100mm。

4.3.2 熟化石灰粉可采用磨细生石灰，亦可用粉煤灰代替。如果采用磨细生石灰代替熟化石灰粉，应按体积比与黏土拌合洒水堆放 8h 后使用。

4.3.3 灰土垫层应铺设在不受地下水浸泡的基土上。施工后应有防止水浸泡的措施。

4.3.4 灰土垫层应分层夯实，经湿润养护、晾干后方可进行下一道工序施工。

4.3.5 灰土垫层不宜在冬季施工。当必须在冬期施工时，应采取可靠措施。

4.3.6 熟化石灰颗粒粒径不应大于 5mm；黏土（或粉质黏土、粉土）内不得含有有机物质，颗粒粒径不应大于 16mm。

4.3.7 为保证灰土拌合质量，宜采用机械搅拌。

图 4.3.7-1　采用铲车拌合灰土

图 4.3.7-2　灰土拌合机

4.4 砂垫层和砂石垫层

4.4.1 砂垫层厚度不应小于 60mm；砂石垫层厚度不应小于 100mm。

4.4.2 砂石垫层应选用天然级配材料。铺设时不应有粗细颗粒分离现象，压（夯）至不松动为止。

4.4.3 砂和砂石不应含有草根等有机杂质；砂应采用中砂；石子最大粒径不应大于垫层后的 2/3。

4.4.4 砂垫层和砂石垫层的干密度，可采取环刀法测定干密度或采用小型锤击贯入度测定。

4.5 碎石垫层和碎砖垫层

4.5.1 碎石垫层和碎砖垫层厚度不应小于 100mm。

4.5.2 垫层应分层压（夯）实，达到表面坚实、平整。

4.5.3 碎石的强度应均匀，最大粒径不应大于垫层厚度的 2/3；碎砖不应采用风化、酥松、夹有有机杂质的砖料，颗粒粒径不应大于 60mm。

4.6 三合土垫层和四合土垫层

4.6.1 三合土垫层应采用石灰、砂（可掺少量黏土）与碎砖的拌合料铺设，其厚度不应小于100mm；四合土垫层应采用水泥、石灰、砂（可掺少量黏土）与碎砖的拌合料铺设，其厚度不应小于80mm。

4.6.2 三合土垫层和四合土垫层均应分层夯实。

4.6.3 水泥宜采用硅酸盐水泥、普通硅酸盐水泥；熟化石灰颗粒粒径不应大于5mm；砂应采用中砂，不得含有草根等有机物质；碎砖不应采用风化、酥松和有机杂质的砖料，颗粒粒径不应大于60mm。

4.6.4 三合土、四合土的体积比应符合设计要求。

4.7 炉渣垫层

4.7.1 炉渣垫层应采用炉渣或水泥与炉渣或水泥、石灰与炉渣的拌合料铺设，其厚度不应小于80mm。

4.7.2 炉渣或水泥炉渣垫层的炉渣，使用前应浇水闷透；水泥石灰炉渣垫层的炉渣，使用前应用石灰浆或用熟石灰浇水拌合闷透；闷透时间均不得少于5d，以防止炉渣闷不透而引起体积膨胀，从而造成质量事故。

4.7.3 在垫层铺设前，其下一层应湿润；铺设时应分层压实，表面不得有泌水现象。铺设后应养护，待其凝结后方可进行下一道工序施工。

4.7.4 炉渣垫层施工过程中不易留施工缝。当必须留缝时，应留直槎，并保证间隙处密实，接槎时应先刷水泥浆，再铺炉渣拌合料。

4.7.5 炉渣内不应含有有机杂质和未燃尽的煤块，颗粒粒径不应大于40mm，且颗粒粒径在5mm及其以下的颗粒，不得超过总体积的40％；熟化石灰颗粒粒径并大于5mm。

4.8 水泥混凝土垫层和陶粒混凝土垫层

4.8.1 水泥混凝土垫层和陶粒混凝土垫层应铺设在基土上。当气温长期处于0℃以下，设计无要求时，垫层应设置缩缝，缝的位置、嵌缝做法等应与面层伸、缩缝相一致，并应符合《建筑地面工程施工质量验收规范》GB 50209的规定。

4.8.2 水泥混凝土垫层的厚度不应小于60mm；陶粒混凝土垫层的厚度不应小于80mm。

4.8.3 垫层铺设前，当为水泥类基层时，其下一层表面应湿润。

4.8.4 室内地面的水泥混凝土垫层和陶粒混凝土垫层，应设置纵向缩缝和横向缩缝；纵向缩缝、横向缩缝的间距均不得大于6m。

【备注：《建筑地面设计规范》GB 50037

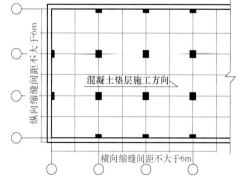

图 4.8.4-1 施工方向与缩缝平面布置

第 6.0.10 条规定："设置防冻胀层的地面，当采用混凝土垫层时，纵向缩缝、横向缩缝应采用平头缝，其间距不宜大于 3m。"】

4.8.5　垫层的纵向缩缝应做平头缝或加肋板平头缝。当垫层厚度大于 150mm 时，可做企口缝。拆模时混凝土强度不低于 3MPa。横向缩缝应做假缝。平头缝和企口缝的缝间不得放置隔离材料，浇筑时应互相紧贴。企口缝尺寸应符合设计要求，假缝宽度宜为 5～20mm，深度宜为垫层厚度的 1/3，填缝材料应与地面变形缝的填缝材料相一致。

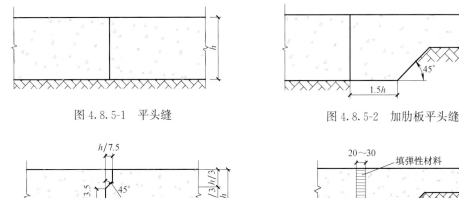

图 4.8.5-1　平头缝　　　　　　　　　图 4.8.5-2　加肋板平头缝

图 4.8.5-3　企口缝　　　　　　　　　图 4.8.5-4　假缝

4.8.6　在不同垫层厚度交界处，当相邻垫层的厚度比大于 1、小于或等于 1.4 时，可采取连续式过渡措施；当厚度比大于 1.4 时，可设置间断式沉降缝。如图：

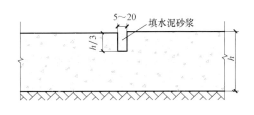
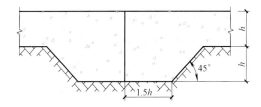

图 4.8.6-1　连续式变截面　　　　　　　图 4.8.6-2　间断式变截面

4.8.7　工业厂房、礼堂、门厅等大面积水泥混凝土、陶粒混凝土垫层应分区段浇筑。分区段应结合变形缝位置、不同类型的建筑地面连接处和设备基础的位置进行划分，并应与设置的纵向、横向缩缝的间距一致。

4.8.8　水泥混凝土和陶粒混凝土的强度等级应符合设计要求。陶粒宜选用粉煤灰陶粒、页岩陶粒等。陶粒混凝土的密度应在 800～1400kg/m³ 之间。

4.9　找平层

4.9.1　找平层宜采用水泥砂浆或水泥混凝土铺设。当找平层厚度小于 30mm 时，宜用水泥砂浆做找平层；当找平层厚度不小于 30mm 时，宜用细石混凝土做找平层。

4.9.2　找平层铺设前，当其下一层有松散填充材料时，应予铺平振实。

4.9.3　有防水要求的建筑地面工程，铺设前必须对立管、套管和地漏与楼板节点之间进行密封处理，并应进行隐蔽验收；排水坡度应符合设计要求。

4.9.4 有防水要求的建筑地面工程的立管、套管、地漏处不应渗漏，坡向正确、无积水。

4.9.5 水泥砂浆体积、水泥混凝土强度等级应符合设计要求，且水泥砂浆体积比不应小于1：3（或相应强度等级）；水泥混凝土强度等级并小于C15。

4.9.6 在有防静电要求的整体面层的找平层施工前，其下敷设的导电地网系统应与接地引下线和地下接电体有可靠连接，经电性能检测且符合相关要求后进行隐蔽工程验收。

4.9.7 找平层与下一层结合应牢固，不应有空鼓。

4.9.8 找平层表面应密实，不应有起砂、蜂窝和裂缝等缺陷。

4.10 隔离层

4.10.1 在水泥类找平层上铺设卷材类、涂料类防水、防油渗隔离层时，其表面应坚固、洁净、干燥。铺设前，应涂刷基层处理剂。基层处理剂应采用与卷材性能相容的配套材料或采用与涂料性能相容的同类涂料的底子油。

【备注：《住宅室内防水工程技术规范》JGJ 298 第6.2.3条规定："管根、地漏与基层的交接部位，应预留宽10mm，深10mm的环形凹槽，槽内应嵌填密封材料。"】

4.10.2 铺设隔离层时，在管道穿过楼板面四周，防水、防油渗材料应向上铺涂，并

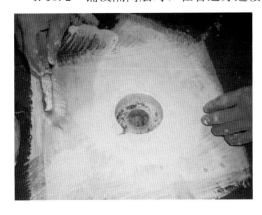

图 4.10.2-1 地漏处胎体附加层

图 4.10.2-2 地漏、管根、阴角处胎体附加层

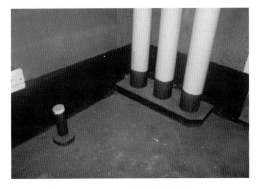

图 4.10.2-3 卫生间管根防水（1）

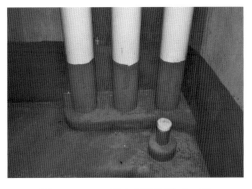

图 4.10.2-4 卫生间管根防水（2）

超过套管的上口；在靠近柱、墙处，应高出面层200~300mm或按设计要求的高度铺涂。阴阳角和管道穿过楼板面的根部应增加铺涂附加防水、防油渗隔离层。

【备注：《住宅室内防水工程技术规范》JGJ 298第6.3.2条规定："防水涂料大面积施工前，应先在阴阳角、管根、地漏、排水口、设备基础根等部位做附加层，并应夹铺胎体增强材料，附加层的宽度和厚度应符合设计要求。"】

4.10.3　隔离层兼做面层时，其材料不得对人体及环境产生不利影响。

图4.10.4-1　蓄水试验

4.10.4　防水隔离层铺设后，应进行蓄水试验，蓄水深度最浅处不得小于10mm，蓄水时间不得少于24h，并做记录。

【备注：《住宅室内防水工程技术规范》JGJ 298第7.3.6条规定："在防水层完成后进行蓄水试验，楼、地面蓄水高度不应小于20mm，蓄水时间不应小于24h。"】

4.10.5　厕浴间和有防水要求的建筑地面必须设置防水隔离层。楼层结构必须采用现浇混凝土或整块预制混凝土板，混凝土强度等级不应小于C20；房间的楼板四周除门洞外应做混凝土翻边，高度不应小于200mm，宽同墙厚，混凝土强度等级不应小于C20。施工时结构层标高和预留洞位置应准确，严禁乱凿洞。

【备注：1.《砌体结构工程施工质量验收规范》GB 50203—2011第9.1.6条规定："在厨房、卫生间、浴室灯处采用轻骨料混凝土小型空心砌块、蒸压加气混凝土砌块砌筑墙体时，墙底部宜现浇混凝土坎台，其高度宜为150mm"。条文解释："浇筑一定高度混凝土坎台的目的，主要是考虑有利于提高多水房间填充墙底的防水效果。混凝土坎台高度由原规范'不宜小于200mm'的规定修改为'宜为150mm'，是考虑踢脚线（板）便于遮盖填充墙底部有可能产生的收缩裂缝。"；2.《建筑室内防水工程技术规程》CECS 196：2006第3.2.1条规定："厕浴间、厨房的墙体，宜设置高出楼地面150mm以上的现浇混凝土泛水"。条文解释："厨房、厕浴间内经常进行冲洗打扫，水很容易从墙根处渗漏到

图4.10.5-1　卫生间墙体底部混凝土翻边（1）

图4.10.5-2　卫生间墙体底部混凝土翻边（2）

隔壁，实际上那些不做混凝土泛水的隔墙墙根，常常是长期潮湿的。因此，在这些经常进行冲洗或其他有可能积水的部位要采用混凝土泛水，高度不低于150mm，泛水最好与混凝土地面一次浇捣成型。"】

4.10.6　防水隔离层严禁渗漏，排水的坡向应正确、排水通畅。

4.10.7　隔离层与其下一层应粘结牢固，不应有空鼓；防水涂层应平整、均匀，无脱皮、起壳、裂缝、鼓泡等缺陷。

4.11　填充层

4.11.1　填充层材料的密度应符合设计要求。

4.11.2　填充层的下一层表面应平整。当为水泥类时，尚应洁净、干燥，并不得有空鼓、裂缝和起砂等缺陷。

4.11.3　采用松散材料铺设填充层时，应分层铺平拍实；采用板、块材料铺设填充层时，应分层错缝铺贴。

4.11.4　有隔声要求的楼面，隔声垫在柱、墙面的上翻高度应超出楼面20mm，且应收口于踢脚线内。地面上有竖向管道时，隔声垫应包裹管道四周，高度同卷向柱、墙面的高度。隔声垫保护膜之间应错缝搭接，搭接长度应大于100mm，并用胶带等封闭。

4.11.5　隔声垫上部应设置保护层，其构造做法应符合设计要求。当设计无要求时，混凝土保护层厚度不应小于30mm，内配间距不大于200mm×200mm的ϕ6mm的钢筋网片。

4.11.6　地面辐射供暖填充层采用豆石混凝土时，豆石混凝土强度等级宜为C15，豆石粒径宜为5~12mm。

4.11.7　地面辐射供暖填充层采用水泥砂浆时，水泥砂浆填充层材料应符合下列规定：

（1）应选用中粗砂，且含泥量不应大于5%；

（2）宜选用硅酸盐水泥或矿渣硅酸盐水泥；

（3）水泥砂浆体积比不用小于1∶3；

（4）强度等级不应低于M10。

4.11.8　地面辐射供暖的填充层伸缩缝设置应与加热供冷管的安装同步或在填充层施

图4.11.8-1　地暖填充层伸缩缝做法（1）　　图4.11.8-2　地暖填充层伸缩缝做法（2）

工前进行，并应符合下列规定：

（1）当地面面积超过 30m² 或边长超过 6m 时，应按不大于 6m 间距设置伸缩缝，伸缩缝宽度不应小于 8mm；伸缩缝宜采用高发泡聚乙烯泡沫塑料板，或预设木板条待填充层施工完毕后取出，缝槽内满填弹性膨胀膏；

（2）伸缩缝宜从绝热层的上边缘做到填充层的上边缘；

（3）伸缩缝应有效固定，泡沫塑料板也可再铺设辐射面绝热层时挤入绝热层中。

4.11.9 地面辐射供暖的填充层施工前应具备下列条件：

（1）加热电缆经电阻检测盒绝缘性能检测合格；

（2）侧面绝热层和填充层伸缩缝已安装完毕；

（3）加热供冷管安装完毕且水压试验合格、加热供冷管处于有压状态；

（4）温控器的安装盒、加热电缆冷线穿管已经布置完毕；

（5）通过隐蔽工程验收。

4.12 绝热层

4.12.1 建筑物室内接触基土的首层地面应增设水泥混凝土垫层后方可铺设绝缘层，垫层的厚度及强度等级应符合设计要求。首层地面及楼层楼板铺设绝热层前，表面平整度宜控制 3mm 以内。

测量地面平整度及高低差(2m范围内高低差不能超过3mm)

图 4.12.1-1 基层平整度检查图

4.12.2 有防水、防潮要求的地面，宜在防水、防潮隔离层施工完毕并验收合格后再铺设绝热层。

4.12.3 穿越地面进入非采暖保温区域的金属管道应采取隔断热桥的措施。

4.12.4 绝热层与地面面层之间应设有水泥混凝土结合层，构造做法及强度等级应符合设计要求。设计无要求时，水泥混凝土结合层的厚度不应小于 30mm，层内应设置间距不大于 200mm×200mm 的 ϕ6mm 的钢筋网片。

4.12.5 有地下室的建筑，地上、地下交界部位楼板的绝热层应采用外保温做法，绝热层表面应设有外保护层。外保护层应安全、耐候，表面应平整、无裂纹。

4.12.6 绝热层的材料不应采用松散型材料或抹灰浆料。

4.12.7 绝热层施工质量检验尚应符合现行国家标准《建筑节能工程施工质量验收规范》GB 50411 的有关规定。

4.12.8 绝热层材料进入施工现场时，应对材料的导热系数、表观密度、抗压强度或压缩强度、阻燃性进行复验。

4.12.9 绝热层的板块材料应采用无缝铺贴法铺设，表面平整。

4.12.10 辐射供暖供冷的绝热层铺设的原始工作面应平整、干燥、无杂物，边角交接面根部应平直且无积灰现象。

4.12.11 辐射供暖供冷采用的泡沫塑料类绝热层、预制沟槽保温板、供暖板的铺设应平整，板间的相互结合应严密，接头应用塑料胶带粘贴平顺。直接与土壤接触或有潮湿气体侵入的地面应在铺设绝热层之前铺设一层防潮层。

图 4.12.11-1 绝热层接缝用胶带密封

4.12.12 辐射供暖供冷在铺设辐射面绝热层的同时或在填充层施工前，应由供暖供冷系统安装单位再与辐射面垂直构件交接处设置不间断的侧面绝热层，侧面绝热层的设置应符合下列规定：

（1）绝热层材料宜采用高发泡聚乙烯泡沫塑料，且厚度不宜小于10mm；应采用搭接方式连接，搭接宽度不应小于10mm；

（2）绝热层材料也可采用密度不大于20kg/m³的模塑聚苯乙烯泡沫塑料板，其厚度应为20mm，聚苯乙烯泡沫塑料板接头处应采用搭接方式连接；

（3）侧面绝热层应从辐射面绝热层的上边缘做到填充层的上边缘；交接部位应有可靠的固定措施，侧面绝热层与辐射面绝热层应连接严密。

侧面绝热层

图 4.12.12-1 侧面绝热层

5 整体面层铺设

5.1 一般规定

5.1.1 铺设整体面层时，水泥类基层的抗压强度不得小于1.2MPa；表面应粗糙、洁净、湿润并不得有积水。铺设前宜凿毛或涂刷界面剂。硬化耐磨面层、自流平面层的基层处理应符合设计及产品的要求。

5.1.2 铺设整体面层时，地面变形缝的位置应符合本章节第3.2.9条的规定；大面积水泥类面层应设置分格缝（分格缝的位置应与垫层的缩缝对齐）。分格缝可采用切割机进行切割，切缝的时机宜早不宜晚，一般应在7d内切割。

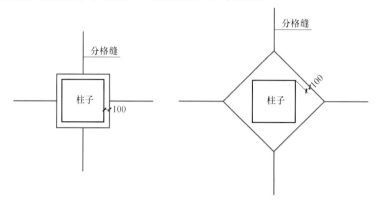

图 5.1.2-1 柱子位置分格缝做法示意图

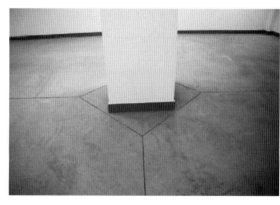

图 5.1.2-2 柱子周边分格缝实景图

图 5.1.2-3 分格缝切割机

5.1.3 整体面层施工后，养护时间不应少于7d；抗压强度应达到5MPa后方准上人行走；抗压强度应达到设计要求后，方可正常使用。

5.1.4 当采用掺有水泥拌合料做踢脚线时，不得用石灰混合砂浆打底。

5.1.5 水泥类整体面层的抹平工作应在水泥初凝前完成，压光工作应在水泥终凝前完成。

5.1.6 整体面层的允许偏差和检验方法：

整体面层的允许偏差和检验方法（1） 表 5.1.6-1

项次	项目	允许偏差(mm)					检验方法
		水泥混凝土面层	水泥砂浆面层	普通水磨石面层	高级水磨石面层	硬化耐磨面层	
1	表面平整度	5	4	3	2	4	用2m靠尺和楔形塞尺检查
2	踢脚线上口平直	4	4	3	3	4	拉5m线和用钢尺检查
3	缝格顺直	3	3	3	2	3	

项次	项目	允许偏差（mm）					检验方法
		防油渗混凝土面层	不发火（防爆）面层	自流平面层	涂料面层	塑胶面层	
1	表面平整度	5	5	2	2	2	用2m靠尺和楔形塞尺检查
2	踢脚线上口平直	4	4	3	3	3	拉5m线和用钢尺检查
3	缝格顺直	3	3	2	2	2	

整体面层的允许偏差和检验方法（2）　　　表5.1.6-2

5.2 水泥混凝土面层

5.2.1 水泥混凝土面层铺设不得留施工缝。当施工间隙超过允许时间规定时，应对接茬处进行处理。

5.2.2 水泥混凝土采用的粗骨料，最大粒径不应大于面层厚度的2/3，细石混凝土面层采用的石子粒径不应大于16mm。

5.2.3 面层的强度等级应符合设计要求，且强度不应小于C20。

5.2.4 面层与下一层应结合牢固，且应无空鼓和开裂。当出现空鼓时，空鼓面积不应大于400cm^2，且每自然间或标准间不应多于2处。

5.2.5 面层表面应洁净，不应有裂纹、脱皮、麻面、起砂等缺陷。

5.2.6 面层表面的坡度应符合设计要求，不应有倒泛水和积水现象。

5.2.7 踢脚线与柱、墙面应紧密结合，踢脚线高度和出柱、墙厚度应符合设计要求且均匀一致。当出现空鼓时，局部空鼓长度不应大于300mm，且每自然间或标准间不应多于2处。

图5.2.7-1 车库混凝土地面（1）

图5.2.7-2 车库混凝土地面（2）

图5.2.7-3 车库混凝土地面（3）

5.3 水泥砂浆面层

5.3.1 水泥宜采用硅酸盐水泥、普通硅酸盐水泥，不同品种、不同强度等级的水泥不应混用；砂应为中粗砂，当采用石屑时，其粒径应为 1~5mm，且含泥量不应大于 3%；防水砂浆采用的砂或石屑，其含泥量不应大于 1%。

5.3.2 水泥砂浆的体积比（强度等级）应符合设计要求，且体积比应为 1∶2，强度等级不应小于 M15。

5.3.3 有排水要求的水泥砂浆地面，坡向应正确、排水通畅；防水水泥砂浆面层不应渗漏。

5.3.4 面层与下一层应结合牢固，且应无空鼓和开裂。当出现空鼓时，空鼓面积不应大于 400cm²，且每自然间或标准间不应多于 2 处。

5.3.5 面层表面应洁净，不应有裂纹、脱皮、麻面、起砂等缺陷。

5.3.6 面层表面的坡度应符合设计要求，不应有倒泛水和积水现象。

5.3.7 踢脚线与柱、墙面应紧密结合，踢脚线高度和出柱、墙厚度应符合设计要求且均匀一致。当出现空鼓时，局部空鼓长度不应大于 300mm，且每自然间或标准间不应多于 2 处。

5.4 水磨石面层

5.4.1 水磨石面层应采用水泥与石粒拌合料铺设，有防静电要求时，拌合料内应按设计要求掺入导电材料。导电粉一般采用电阻率在 $10^5\,\Omega$cm 的无机材料。面层厚度除有特殊要求外，宜为 12~18mm，且宜按石粒粒径确定。水磨石面层的颜色和图案应符合设计要求。

5.4.2 白色或浅色的水磨石面层应采用白水泥；深色的水磨石面层宜采用硅酸盐水泥、普通硅酸盐水泥或矿渣硅酸盐水泥；同颜色的面层应使用同一批水泥。同一彩色面层应使用同厂、同批的颜料；其掺入量宜为水泥重量的 3%~6% 或由试验确定。

5.4.3 水磨石面层的结合层采用水泥砂浆时，强度等级应符合设计要求且不小于 M10，稠度宜为 30~35mm。

5.4.4 防静电水磨石面层中采用导电金属分格条时，分隔条应经绝缘处理，且十字交叉处不得碰接。防静电水磨石面层中的分格条宜按如下要求进行铺设：在找平层经养护达到 5MPa 以上强度后，先在找平层上按设计要求弹出纵、横垂直分格墨线，然后按墨线截裁经校正、绝缘、干燥处理的导电金属分格条。导电金属分格条的间隙宜控制在 3~4mm，且十字交叉处不得碰接。当采用不导电分格条时，十字交叉处不受此限制。分格条

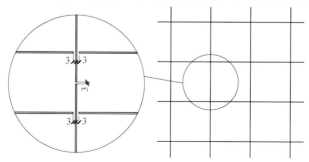

图 5.4.4-1 防静电水磨石地面铜
（或不锈钢）分格条接头处理

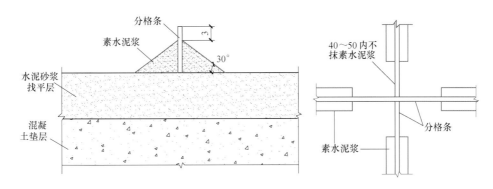

图 5.4.4-2 分格条固定示意图

的嵌固可采用纯水泥浆在分格条下部抹成八字角（与找平层约成 30°角）通长座嵌牢固，八字角的高度宜比分格条顶面低 3~5mm。在距十字中心的四个方向应各空出 40~50mm 不抹纯水泥浆，使石子能填入角内。

图 5.4.4-3　分格条固定

5.4.5　普通水磨石面层磨光遍数不应少于 3 遍。高级水磨石面层的厚度和磨光遍数应由设计确定。

5.4.6　水磨石面层磨光后，在涂草酸和上蜡前，其表面不得污染。

5.4.7　防静电水磨石面层应在表面经清净、干燥后，在表面均匀涂抹一层防静电剂和地板蜡，并应做抛光处理。蜡膜不宜太厚，严禁使用不导电的矿物蜡。

图 5.4.5-1　水磨石磨光

图 5.4.7-1　防静电水磨石抛光

5.4.8　水磨石面层的石粒应采用白云石、大理石等岩石加工而成，石粒应洁净无杂物，其粒径除特殊要求外应为 6~16mm；颜料应采用耐光、耐碱的矿物原料，不得使用酸性颜料。

5.4.9　水磨石面层拌合料的体积比应符合设计要求，且水泥与石粒的比例应为 1∶1.5~1∶2.5。

图 5.4.8-1　白云石石粒　　　　　　　图 5.4.8-2　花岗岩中八厘石粒

5.4.10　防静电水磨石面层应在施工前及施工完成表面干燥后进行接地电阻和表面电阻检测，并应做好记录。防静电指标的检验应在地坪施工结束后 1 个月后或地坪含水率小于 10% 时进行。

5.4.11　面层与下一层应结合牢固，且应无空鼓和开裂。当出现空鼓时，空鼓面积不应大于 400cm² ，且每自然间或标准间不应多于 2 处。

5.4.12　面层表面应光滑，且应无裂纹、砂眼和磨痕；石粒应密实，显露应均匀；颜色图案应一致；分格条应牢固，顺直和清晰。

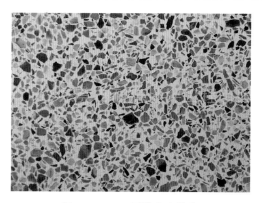

图 5.4.12-1　石粒密实均匀　　　　　　图 5.4.12-2　铜条镶嵌

图 5.4.12-3　水磨石地面分色清晰美观　　图 5.4.12-4　水磨石地面分格条顺直

图 5.4.12-5　地面水磨石表面光滑

图 5.4.12-6　走廊水磨石地面（1）

图 5.4.12-7　走廊水磨石地面（2）

5.4.13　踢脚线与柱、墙面应紧密结合，踢脚线高度和出柱、墙厚度应符合设计要求且均匀一致。当出现空鼓时，局部空鼓长度不应大于 300mm，且每自然间或标准间不应多于 2 处。

图 5.4.13-1　水磨石镶边与墙面踢脚

图 5.4.13-2　水磨石镶边与柱子踢脚

5.5　硬化耐磨面层

5.5.1　硬化耐磨面层应采用金属渣、屑、纤维或石英砂、金刚砂等，并应与水泥类胶凝材料拌合铺设或在水泥类基层上撒布铺设。

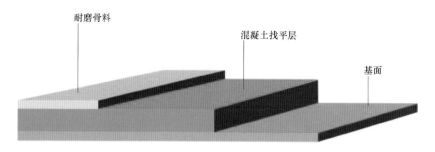

图 5.5.1-1 硬化耐磨层常用做法构造图

5.5.2 硬化耐磨面层采用拌合料铺设时，拌合料的配合比应通过试验确定；采用撒布铺设时，耐磨材料的撒布量应符合设计要求，且应在水泥类基层初凝前完成撒布。

5.5.3 硬化耐磨面层采用拌合铺设时，宜先铺设一层强度等级不小于 M15、厚度不小于 20mm 的水泥砂浆，或水灰比宜为 0.4 的素水泥浆结合层。

5.5.4 硬化耐磨面层采用拌合料铺设时，铺设厚度和拌合料强度应符合设计要求。当设计无要求时，水泥钢（铁）屑面层铺设厚度不应小于 30mm，抗压强度不应小于 40MPa；水泥石英砂浆面层铺设厚度不应小于 20mm，抗压强度不应小于 30MPa；水泥石英砂面层铺设厚度不应小于 20mm，抗压强度不应小于 30MPa；钢纤维混凝土面层铺设厚度不应小于 40mm，抗压强度不应小于 40MPa。

5.5.5 硬化耐磨面层采用撒布铺设时，耐磨材料应撒布均匀，厚度应符合设计要求；混凝土基层或砂浆基层的厚度及强度应符合设计要求。当设计无要求时，混凝土基层的厚度不应小于 50mm，强度等级不应小于 C25；砂浆基层的厚度不应小于 20mm，强度等级不应小于 M15。

图 5.5.5-1 耐磨面层机械压光

图 5.5.5-2 耐磨面层撒布均匀

5.5.6 硬化耐磨面层分格缝的间距及缝深、缝宽、填缝材料应符合设计要求。

5.5.7 硬化耐磨面层铺设后应在湿润条件下静止养护，养护期限应符合材料的技术要求。

5.5.8 硬化耐磨面层应在强度达到设计强度后方可投入使用。

5.5.9 硬化耐磨面层采用拌合料铺设时，水泥的强度不应小于 42.5MPa。金属渣、屑、纤维不应有其他杂质，使用前应去油除锈、冲洗干净并干燥；石英砂应用中粗砂，含泥量不应大于 2%。

5.5.10　面层与下一层应结合牢固，且应无空鼓和开裂。当出现空鼓时，空鼓面积不应大于 400cm²，且每自然间或标准间不应多于 2 处。

5.5.11　面层表面坡度应符合设计要求，不应有倒泛水和积水现象。

5.5.12　面层表面应色泽一致，切缝应顺直，不应有裂纹、脱皮、麻面、起砂等缺陷。

图 5.5.12-1　车间金刚砂耐磨地面

图 5.5.12-2　车间金刚砂彩色耐磨地面

5.6　防油渗面层

5.6.1　防油渗面层应采用防油渗混凝土铺设或采用防油渗涂料涂刷。

5.6.2　防油渗混凝土面层应按厂房柱网分区段浇筑，区段划分及分区段缝应符合设计要求。

5.6.3　防油渗混凝土面层内不得敷设管线。露出面层的电线管、接线盒、预埋套管和地脚螺栓等的处理，以及与墙、柱、变形缝、孔洞等连接处泛水均应采取防油渗措施并应符合设计要求。

5.6.4　防油渗面层采用防油渗涂料时，材料应按设计要求选用，涂层厚度宜为 5～7mm。

5.6.5　防油渗混凝土的强度等级和抗渗性能应符合设计要求，且强度等级并小于 C30；防油渗涂料的粘结强度不应小于 0.3MPa。

5.7　不发火（防爆）面层

5.7.1　不发火（防爆）面层采用的材料和硬化后的试件，应按规范要求进行不发火性试验。

5.7.2　不发火（防爆）面层中的不发火性必须合格；砂应质地坚硬、表面粗糙，其粒径应为 0.15～5mm，含泥量不应大于 3%，有机物含量不应大于 0.5%；水泥应采用硅酸盐水泥、普通硅酸盐水泥；面层分格的嵌条应采用不发生火花的材料配制。配制时应随时检查，不得混入金属或其他易发生火花的杂质。

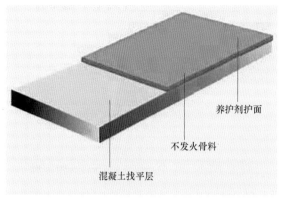
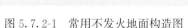

养护剂护面

不发火骨料

混凝土找平层

图 5.7.2-1　常用不发火地面构造图

图 5.7.2-2　仓库不发火（防爆）耐磨地面

5.8　自流平面层

5.8.1　自流平面层的涂料进入施工现场时，应有以下有害物质限量合格的检测报告：

（1）水性涂料中的挥发性有机化合物（VOC）和游离甲醛；

（2）溶剂型涂料中的苯、甲苯＋二甲苯、挥发性有机化合物（VOC）和游离甲苯二异氰酸酯（TDI）。

5.8.2　有机材料应贮存在阴凉、干燥、通风、远离火和热源的场所，不得露天存放和暴晒，贮存温度应为 5～35℃。无机类材料应贮存在干燥、通风、不受潮湿、淋雨的场所。

5.8.3　自流平的基层应平整、洁净，基层的含水率应与面层材料的技术要求相一致。

图 5.8.3-1　地面基层打磨

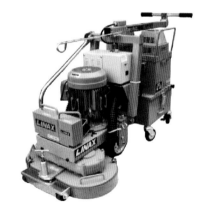

图 5.8.3-2　无尘打磨机

5.8.4　自流平面层的基层的强度等级不应小于 C20。

【备注：《自流平地面工程技术规范》JGJ/T 175—2009 第 5.1.4 条的规定为："基层应为混凝土层或水泥砂浆层，并应坚固、密实。当基层为混凝土时，其抗压强度不应小于20MPa；当基层为水泥砂浆时，其抗压强度不应小于 15MPa。"】

5.8.5　基层地面含水率不应大于 8％。

【备注：上述规定为《自流平地面工程技术规程》JGJ/T 175—2009 第 5.1.5 条的规定，《环氧树脂自流平地面工程技术规范》GB/T 50589—2010 中第 5.2.3 条规定："混凝

泥土基层应干燥，在深度为 20mm 的厚度层内，含水率不应大于 6%。"】

5.8.6 当基层存在裂缝时，宜先采用机械切割的方式将裂缝切成 20mm 深、20mm 宽的 V 形槽，然后采用无溶剂环氧树脂或无溶剂聚氨酯材料加强、灌注、找平、密封。

5.8.7 水泥基或石膏基自流平砂浆地面施工温度应为 5～35℃，相对湿度不宜高于 80%。

5.8.8 环氧树脂或聚氨酯自流平地面施工环境温度宜为 15～25℃，相对湿度不宜高于 80%，基层表面温度不宜低于 5℃。

图 5.8.6-1 混凝土基层裂缝修补

【备注：上述规定为《自流平地面工程技术规程》JGJ/T 175—2009 第 8.1.2 条的规定，《环氧树脂自流平地面工程技术规范》GB/T 50589—2010 中第 5.1.1 条规定："施工环境温度宜为 15～30℃，相对湿度不宜大于 85%。"】

5.8.9 水泥基自流平砂浆可用于地面找平层，也可用于地面面层。当用于地面找平层时，其厚度不得小于 2.0mm；当用于地面面层时，其厚度不得小于 5.0mm。

5.8.10 石膏基自流平砂浆不得直接作为地面面层采用。当采用水泥基自流平砂浆作为地面面层时，石膏基自流平砂浆可用于找平层，且厚度不得小于 2.0mm。

5.8.11 环氧树脂和聚氨酯自流平地面面层厚度不得小于 0.8mm。

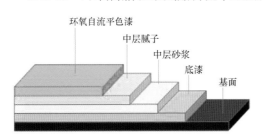

图 5.8.12-1 环氧自流平地面构造做法示意图

5.8.12 当采用水泥基自流平砂浆作为环氧树脂或聚氨酯地面的找平层时，水泥基自流平砂浆强度等级不得低于 C20。当采用环氧树脂或聚氨酯作为地面面层时，不得采用石膏基自流平砂浆作为其找平层。

5.8.13 自流平面层的各构造层之间应粘结牢固，层与层之间不应出现分离、空鼓现象。

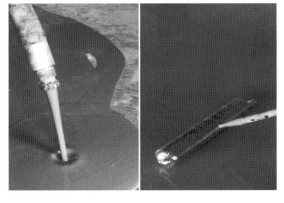

图 5.8.13-1 自流平泵送和针刺放气

图 5.8.13-2 自流平镘刀刮平

图 5.8.13-3　防静电自流平地面电阻测试（1）

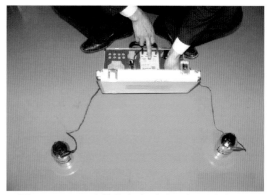

图 5.8.13-4　防静电自流平地面电阻测试（2）

图 5.8.13-5　彩色水泥基自流平车库地面

图 5.8.13-6　水泥基自流平车库地面

图 5.8.13-7　环氧自流平车库地面（1）

图 5.8.13-8　环氧自流平车库地面（2）

图 5.8.13-9　变配电室环氧自流平地面

图 5.8.13-10　走廊环氧自流平地面

图 5.8.13-11　洁净空间环氧自流平地面（1）　　图 5.8.13-12　洁净空间环氧自流平地面（2）

5.9　涂料面层

5.9.1　涂料面层应采用丙烯酸、环氧、聚氨酯等树脂型涂料涂刷。

5.9.2　涂料面层的基层应符合下列规定：

（1）应平整、洁净；

（2）强度等级不应小于 C20；

（3）含水率应与涂料的技术要求相一致。

5.9.3　涂料进入施工现场时，应有苯、甲苯＋二甲苯、挥发性有机化合物（VOC）和游离甲苯二异氰酸酯（TDI）限量合格的检测报告。

5.9.4　涂料面层的表面不应有开裂、空鼓、漏涂和倒泛水、积水等现象。

5.10　塑胶面层

5.10.1　塑胶面层应采用现浇型塑胶材料或塑胶卷材，宜在沥青混凝土或水泥类基层上铺设。

5.10.2　基层的强度和厚度应符合设计要求，表面应平整、干燥、洁净，无油脂及其他杂质。

5.10.3　塑胶面层铺设时的环境温度宜为 10～30℃。

图 5.9.4-1　丙烯酸涂料地面

5.10.4　现浇型塑胶面层与基层应粘结牢固，面层厚度应一致，表面颗粒均匀，不应有裂痕、分层、气泡、脱（秃）粒等现象；塑胶卷材面层的卷材与基层应粘结牢固，面层不应有断裂、气泡、起鼓、空鼓、脱胶、翘边、溢液等现象。

5.10.5　塑胶面层应表面洁净，图案清晰，色泽一致；拼缝处的图案、花纹应吻合，无明显高低差及缝隙，无胶痕；与周边接缝应严密，阴阳角应方正、收边整齐。

图 5.10.5-1　塑胶跑道施工

图 5.10.5-2　塑胶跑道

图 5.10.5-3　塑胶篮球场（1）

图 5.10.5-4　塑胶篮球场（2）

图 5.10.5-5　幼儿园塑胶拼花操场

图 5.10.5-6　幼儿园塑胶拼花游乐区地面

5.11　地面辐射供暖的整体面层

5.11.1　地面辐射供暖的整体面层宜采用水泥混凝土、水泥砂浆等，应在填充层上铺设。

5.11.2　地面辐射供暖的整体面层铺设时不得扰动填充层，不得向填充层内楔入任何物件。

5.11.3 地暖辐射供暖的整体面层采用的材料或产品除应符合设计要求和《建筑地面工程施工质量验收规范》GB 50209 相应面层的规定外，还应具有耐热性、热稳定性、防水、防潮、防霉变等特点。

5.11.4 地面辐射供暖的整体面层的分格缝应符合设计要求，面层与柱、墙之间应留不小于 10mm 的空隙。

6 板块面层铺设

6.1 一般规定

6.1.1 铺设板块面层时，其水泥类基层的抗压强度不得小于 1.2MPa。

6.1.2 铺设水泥混凝土板块、水磨石板块、人造石板块、陶瓷锦砖（马赛克）、陶瓷地砖、缸砖、水泥花砖、料石、大理石、花岗石等面层的结合层和填缝材料采用水泥砂浆时，在面层铺设后，表面应覆盖、湿润，养护时间不应少于 7d。当板块面层的水泥砂浆结合层的抗压强度达到设计要求后，方可正常使用。

6.1.3 大面积板块面层的伸缩缝及分格缝应符合设计要求。

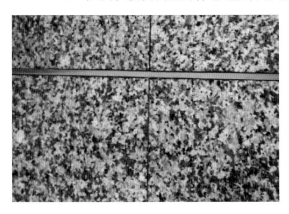

图 6.1.3-1 地面石材伸缩缝使用 U 形不锈钢镶嵌

图 6.1.3-2 U 形不锈钢条

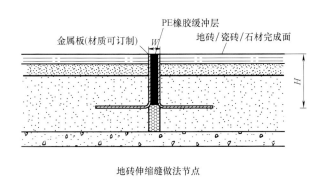

图 6.1.3-3 块材地面伸缩缝节点图

图 6.1.3-4 块材地面伸缩缝用不锈钢配件

6.1.4 板块类踢脚线施工时，不得采用混合砂浆打底。

6.1.5 板块面层的允许偏差和检验方法：

板块面层的允许偏差和检验方法（1） 表 6.1.5-1

项次	项目	允许偏差（mm）					检验方法
		陶瓷锦砖面层、高级水磨石板、陶瓷地砖面层	缸砖面层	水泥花砖面层	水磨石板块面层	大理石面层、花岗石面层、人造石面层、金属板面层	
1	表面平整度	2.0	4.0	3.0	3.0	1.0	用 2m 靠尺和楔形塞尺检查
2	缝格平直	3.0	3.0	3.0	3.0	2.0	拉 5m 线和用钢尺检查
3	接缝高低差	0.5	1.5	0.5	1.0	0.5	用钢尺和楔形塞尺检查
4	踢脚线上口平直	3.0	4.0	—	4.0	1.0	拉 5m 线和用钢尺检查
5	板块间缝隙宽度	2.0	2.0	2.0	2.0	1.0	用钢尺检查

板块面层的允许偏差和检验方法（2） 表 6.1.5-2

项次	项目	允许偏差（mm）						检验方法
		塑料板面层	水泥混凝土板面层	碎拼大理石、碎拼花岗石面层	活动地板面层	条石面层	块石面层	
1	表面平整度	2.0	4.0	3.0	2.0	10	10	用 2m 靠尺和楔形塞尺检查
2	缝格平直	3.0	3.0	—	2.5	8.0	8.0	拉 5m 线和用钢尺检查
3	接缝高低差	0.5	1.5	—	0.4	2.0	—	用钢尺和楔形塞尺检查
4	踢脚线上口平直	2.0	4.0	1.0	—	—1	—	拉 5m 线和用钢尺检查
5	板块间缝隙宽度	—	6.0		0.3	5.0	—	用钢尺检查

6.2 砖面层

6.2.1 砖面层可采用陶瓷锦砖、缸砖、陶瓷地砖和水泥花砖，应在结合层上铺设。

图 6.2.1-1 地面瓷砖铺贴（1）

图 6.2.1-2 地面瓷砖铺贴（2）

6.2.2 在水泥砂浆结合层上铺贴缸砖、陶瓷地砖和水泥花砖面层时，应符合下列规定：

（1）在铺贴前，应对砖的规格尺寸、外观质量、色泽等进行预选；需要时，浸水湿润晾干待用；

图 6.2.2-1　瓷砖挑选

图 6.2.2-2　瓷砖浸泡

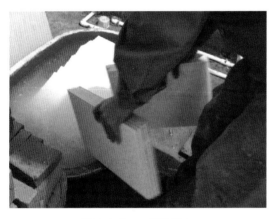

图 6.2.2-3　瓷砖沥水

图 6.2.2-4　瓷砖晾干

（2）勾缝和压缝应采用同品种、同强度等级、同颜色的水泥，并做养护和保护。

图 6.2.2-5　地砖白水泥勾缝效果（1）

图 6.2.2-6　地砖白水泥勾缝效果（2）

图 6.2.2-7 马赛克采用美缝剂勾缝效果

图 6.2.2-8 地砖采用彩色勾缝剂勾缝效果

6.2.3 在水泥砂浆结合层上铺贴陶瓷锦砖面层时，砖底面应洁净，每联陶瓷锦砖之间、与结合层之间以及在墙角、镶边和靠柱、墙处应紧密贴合。在靠柱、墙处不得采用砂浆填补。

将粘合剂用2～3mm齿抹刀均分

贴上马赛克片

用橡胶镘刀压牢马赛克片

将海绵湿水并浸湿马赛克表面纸

将纸张撕下并清洁马赛克

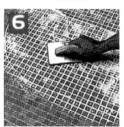

用橡胶镘刀填缝

用海绵清理缝隙

用干布清理表面

图 6.2.3-1 马赛克施工流程

图 6.2.3-2 马赛克粘贴牢固（1）

图 6.2.3-3 马赛克粘贴牢固（2）

6.2.4　在胶结料结合层上铺贴缸砖面层时，缸砖应干净，铺贴前应在胶结料凝结前完成。

6.2.5　砖面层所用板块产品进入施工现场时，应有放射性限量合格的检测报告。

6.2.6　砖面层的表面应洁净、图案清晰，色泽应一致，接缝应平整，深浅应一致，周边应顺直。板块应无裂纹、掉角和缺棱等缺陷。

6.2.7　面层邻接处的镶边用料及尺寸应符合设计要求，边角应整齐、光滑。

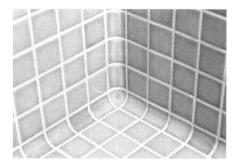

图 6.2.3-4　泳池马赛克节点做法

图 6.2.4-1　瓷砖背面均匀涂抹粘结砂浆

图 6.2.4-2　结合层上均匀涂抹粘结砂浆

图 6.2.4-3　锯齿镘刀

图 6.2.4-4　锯齿镘刀涂抹粘接砂浆效果

图 6.2.6-1　塑料十字卡

图 6.2.6-2　控制砖缝采用塑料十字卡

图 6.2.6-3　地砖铺完后及时清理

图 6.2.6-4　地砖接缝平整、深浅一致

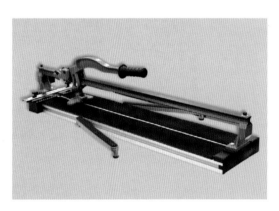

图 6.2.7-1　手动瓷砖推刀

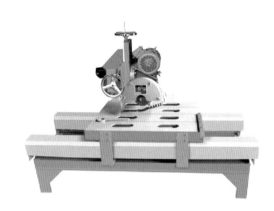

图 6.2.7-2　便携电动台式瓷砖切割机

图 6.2.7-3　镶边切割整齐

图 6.2.7-4　镶边切割尺寸准确

　　6.2.8　踢脚线表面应洁净，与柱、墙面的结合应牢固。踢脚线高度及出柱、墙厚度应符合设计要求，且均匀一致。

　　6.2.9　面层表面的坡度应符合设计要求，不倒泛水、无积水；与地漏、管道结合处应严密牢固，无渗漏。

图 6.2.8-1 踢脚线高度、出墙厚度一致

图 6.2.9-1 地漏套割齐整

图 6.2.9-2 管根处严密

图 6.2.9-3 室内地砖对称铺贴

图 6.2.9-4 玻化砖地面拼缝严密、平整

图 6.2.9-5 走廊用波打线调整排砖（1）

图 6.2.9-6 走廊用波打线调整排砖（2）

图 6.2.9-7　地砖地面用色分块自然和谐

图 6.2.9-8　大厅玻化砖地面平整光滑，形同整体（1）

图 6.2.9-9　大厅玻化砖地面平整光滑，形同整体（2）

图 6.2.9-10　马赛克拼花地面

图 6.2.9-11　泳池马赛克地面

6.3　大理石面层和花岗石面层

6.3.1　大理石、花岗石面层采用天然大理石、花岗石（或碎拼大理石、碎拼花岗石）板材，应在结合层上铺设。

6.3.2　板材有裂缝、掉角、翘曲和表面有缺陷时应予剔除，品种不同的板材不得混杂使用；在铺设前，应根据石材的颜色、花纹、图案、纹理等按设计要求，试拼编号。

114

图 6.3.2-1　石材试拼排版

图 6.3.2-2　石材试拼排版检查

图 6.3.2-3　石材编号

图 6.3.2-4　石材木质包装箱

图 6.3.2-5　石材包装防雨措施

图 6.3.2-6　石材包装编号后运输

6.3.3　铺设大理石、花岗石面层时，结合层与板材应分段同时铺设。

6.3.4　大理石、花岗石面层所使用板块产品进入施工现场时，应有放射性限量合格的检测报告。

6.3.5　大理石、花岗石面层铺设前，板块的背面和侧面应进行防碱处理。

图 6.3.3-1　石材与结合层分段同时铺设（1）　　图 6.3.3-2　石材与结合层分段同时铺设（2）

图 6.3.5-1　地面石材返潮

6.3.6　大理石、花岗石面层的表面应洁净、平整、无磨痕，且应图案清晰、色泽一致，接缝均匀，周边顺直，镶嵌正确，板块应无裂纹、掉角、缺棱等缺陷。

图 6.3.6-1　地面分色石材与柱子　　　　图 6.3.6-2　地面分色石材与柱子
石材对应（局部）　　　　　　　　　石材对应（大面）

图 6.3.6-3 地面石材图案清晰、接缝平整

图 6.3.6-4 地面石材波打线与踢脚颜色对应

图 6.3.6-5 地面石材拼花，镶嵌准确

图 6.3.6-6 异形云纹石材拼花地面

图 6.3.6-7 地面石材颜色一致，色泽均匀

图 6.3.6-8 地面石材洁净、平整

6.3.7 踢脚线表面应洁净，与柱、墙面的结合应牢固。踢脚线高度及出柱、墙厚度应符合设计要求，且均匀一致。

6.3.8 面层表面的坡度应符合设计要求，不倒泛水、无积水；与地漏、管道结合处应严密牢固，无渗漏。

图 6.3.7-1 踢脚线顶部磨光，出墙厚度均匀一致

图 6.3.7-2 地面石材波打线与踢脚石材颜色呼应

图 6.3.7-3 石材踢脚接缝与地面接缝对应

图 6.3.7-4 不锈钢踢脚线出墙厚度一致

图 6.3.8-1 石材地面结晶处理

图 6.3.8-2 石材地面结晶处理后效果

6.4 预制板块面层

6.4.1 预制板块面层采用水泥混凝土板块、水磨石板块、人造石板块，应在结合层上铺设。

6.4.2 水泥混凝土板块面层的缝隙中，应采用水泥浆（或砂浆）填缝；彩色混凝土板块、水磨石板块、人造石板块应用同色水泥浆（或砂浆）擦缝。

6.4.3 强度和品种不同的预制板块不宜混杂使用。

6.4.4 板块间的缝隙宽度应符合设计要求。当设计无要求时，混凝土板块面层缝宽不宜大于6mm，水磨石板块、人造石板块之间的缝隙宽度不应大于2mm。预制板块面层铺完24h后，应用水泥砂浆灌缝至2/3高度，再用同色水泥浆擦（勾）缝。

6.4.5 预制板块面层所使用板块产品进入施工现场时，应有放射性限量合格的检测报告。

6.4.6 预制板块表面应无裂缝、掉角、翘曲等明显缺陷。

6.4.7 预制板块面层应平整洁净，图案清晰，色泽一致，接缝均匀，周边顺直，镶嵌正确。

6.4.8 面层邻接处的镶边用料尺寸应符合设计要求，边角应整齐、光滑。

6.4.9 踢脚线表面应洁净，与柱、墙面的结合应牢固。踢脚线高度及出柱、墙厚度应符合设计要求，且均匀一致。

图 6.4.9-1 预制混凝土板块地面

图 6.4.9-2 预制水磨石地面与踢脚线对缝铺贴

图 6.4.9-3 预制水磨石板块地面

图 6.4.9-4 透水砖地面（1）

图 6.4.9-5 透水砖地面（2）

119

图 6.4.9-6 预制植草砖（1）

图 6.4.9-7 预制植草砖（2）

6.5 料石面层

6.5.1 料石面层采用天然条石和块石，应在结合层上铺设。

6.5.2 条石和块石面层所用的石材的规格、技术等级和厚度应符合设计要求。条石的质量应均匀，形状为矩形六面体，厚度为 80～120mm；块石形状为直棱柱体，顶面粗琢平整，地面面积不宜小于顶面面积的 60％，厚度为 100～150mm。

6.5.3 不导电的料石面层的石料应采用辉绿岩石加工制成。填缝材料亦采用辉绿岩石加工的砂嵌填。耐高温的料石面层的石料，应按设计要求选用。

6.5.4 条石面层的结合层宜采用水泥砂浆，其厚度应符合设计要求；块石面层的结合层宜采用砂垫层，其厚度不应小于 60mm；基土层应为均匀密实的基土或夯实的基土。

6.5.5 石材应符合设计要求和国家现行有关标准的规定；条石的强度等级应大于Mu60，块石的强度等级应大于 Mu30。

6.5.6 石材进入施工现场时，应有放射性限量合格的检测报告。

6.5.7 条石面层应组砌合理，无十字缝，铺砌方向和坡度应符合设计要求；块石面层石料缝隙应相互错开，通缝不应超过两块石料。

图 6.5.7-1 天安门广场石材工字缝铺设（1）

图 6.5.7-2 天安门广场石材工字缝铺设（2）

图 6.5.7-3　块石原料

图 6.5.7-4　块石地面

6.6 塑料板面层

6.6.1　塑料板面层应采用塑料板块材、塑料板焊接、塑料卷材以胶粘剂在水泥类基层上采用满粘或点粘法铺设。

6.6.2　水泥类基层表面应平整、坚硬、干燥、密实、洁净、无油脂及其他杂志，不应有麻面、起砂、裂缝等缺陷。

6.6.3　胶粘剂应按基层材料和面层材料使用的相容性要求，通过试验确定，其质量应符合国家现行有关标准的规定。

6.6.4　焊条成分和性能应与被焊的板相同，其质量应符合有关技术标准的规定，并应有出厂合格证。

6.6.5　铺贴塑料板面层时，室内相对湿度不宜大于70％，温度宜在10～32℃之间。

6.6.6　塑料板面层施工完成后的静置时间应符合产品的技术要求。

6.6.7　防静电塑料板配套的胶粘剂、焊条等应具有防静电性能。

6.6.8　塑料板面层采用的胶粘剂进入施工现场时，应有以下有害物质限量合格的检测报告：

（1）溶剂型胶粘剂中的挥发性有机化合物（VOC）、苯、甲苯＋二甲苯；

（2）水性胶粘剂中的挥发性有机化合物（VOC）和游离甲醛。

6.6.9　塑料板面层应表面洁净，图案清晰，色泽一致，接缝应严密、美观。拼缝处的图案、花纹应吻合，无胶痕；与柱、墙边交接应严密，阴阳角收边应方正。

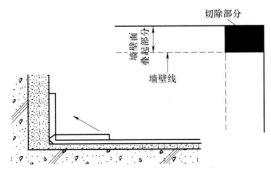

图 6.6.9-1　PVC 地面阴角踢脚做法示意图

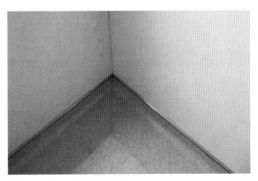

图 6.6.9-2　PVC 地面阴角踢脚做法图

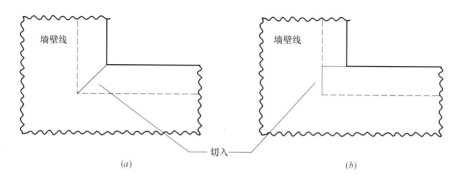

墙壁线   墙壁线

切入

(a)   (b)

图 6.6.9-3 PVC 地面阳角踢脚做法示意图（切割前）

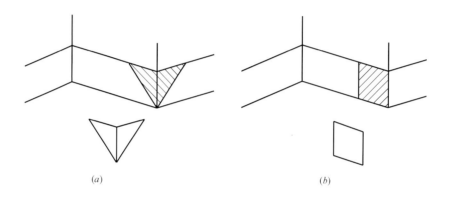

(a)   (b)

图 6.6.9-4 PVC 地面阳角踢脚做法示意图（切割后）

图 6.6.9-5 PVC 地面踢脚阴阳角做法图（1）

图 6.6.9-6 PVC 地面踢脚阴阳角做法图（2）

6.6.10 板块的焊接，焊缝应平整、光洁，无焦化变色、斑点、焊瘤和起鳞等缺陷，其凹凸允许偏差不应大于 0.6mm。焊缝的抗拉强度不应小于塑料板强度的 75%。

6.6.11 镶边用料应尺寸准确、边角整齐、拼缝严密、接缝顺直。

6.6.12 踢脚线宜与地面面层对缝一致，踢脚线与基层的粘合应密实。

塑胶地板自动焊接机

月牙状焊条铲刀

塑胶地板自动开槽机

手工开槽器

图 6.6.10-1　PVC 地面焊接主要机具

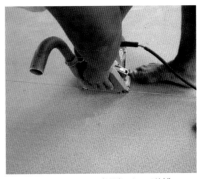

图 6.6.10-2　焊缝开 V 形槽

图 6.6.10-3　接缝焊接

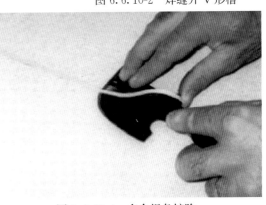

图 6.6.10-4　多余焊条铲除

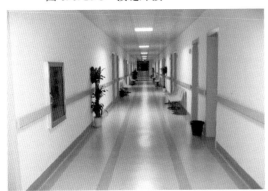

图 6.6.12-1　医院走廊 PVC 地面（1）

图 6.6.12-2　医院走廊 PVC 地面（2）

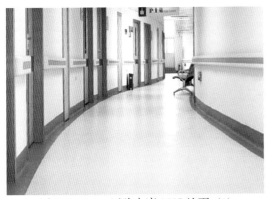

图 6.6.12-3　医院走廊 PVC 地面（3）

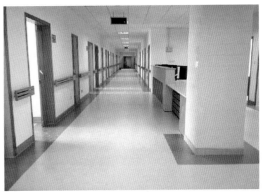

图 6.6.12-4　医院走廊 PVC 地面（4）

图6.6.12-5 医院走廊PVC地面（5）

图6.6.12-6 医生办公室PVC地面

图6.6.12-7 手术室PVC地面

图6.6.12-8 洁净空间PVC地面

图6.6.12-9 走廊PVC拼花地面（1）

图6.6.12-10 走廊PVC拼花地面（2）

6.7 活动地板面层

6.7.1 活动地板所有的支座柱和横梁应构成框架一体，并与基层连接牢固；支架抄平后高度应符合设计要求。

6.7.2 活动地板应包括标准地板、异形地板和地板附件（即支架和横梁组件）。采用的活动地板块应平整、坚实，面层承载力不应小于7.5MPa，A级板的系统电阻应为$1.0×10^5～1.0×10^8Ω$，B级板的系统电阻应为$1.0×10^5～1.0×10^{10}Ω$。

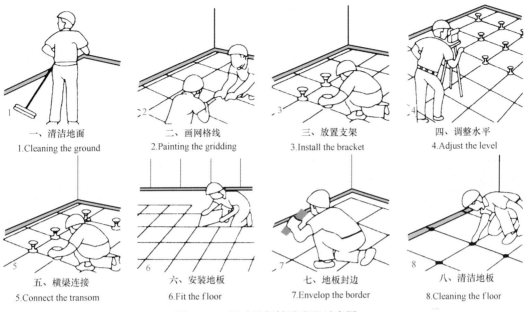

一、清洁地面	二、画网格线	三、放置支架	四、调整水平
1.Cleaning the ground	2.Painting the gridding	3.Install the bracket	4.Adjust the level
五、横梁连接	六、安装地板	七、地板封边	八、清洁地板
5.Connect the transom	6.Fit the floor	7.Envelop the border	8.Cleaning the floor

图 6.7-1　活动地板铺设流程示意图

6.7.3　活动地板面层的金属支架应支撑在现浇水泥混凝土基层（或面层）上，基层应平整、光洁、不起灰。

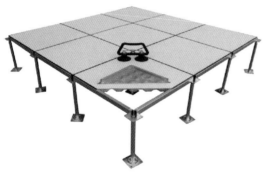

图 6.7.2-1　活动地板主要组成构件

图 6.7.3-1　架空地板混凝土基层平整、光洁

6.7.4　当房间的防静电要求较高，需要接地时，应将活动地板面层的金属支架、金属横梁联通跨接，并与接地体相连，连接方法应符合设计要求。

图 6.7.4-1　支架接地铜箔（1）

图 6.7.4-2　支架接地铜箔（2）

125

图 6.7.5-1 地板与横梁接触平整、严密

6.7.5 活动地板与横梁接触搁置处应达到四角平整、严密。

6.7.6 当活动地板不符合模数时，其不足部分可在现场根据实际尺寸将板块切割后镶补，并应配装相应的可调支撑和横梁。切割边不经处理不得镶补安装，并不得有局部变形情况。

6.7.7 活动地板在门口处或预留洞口处应符合设置构造要求，四周侧边应用耐磨硬质板材封闭或用镀锌钢板包裹，胶条封边应符合耐磨要求。

图 6.7.7-1 门口台阶角铝封边

图 6.7.7-2 门口台阶不锈钢封边

6.7.8 活动地板与柱、墙面接缝处的处理应符合设计要求，设计无要求时应做木踢脚线；通风口处，应选用异形活动地板铺贴。

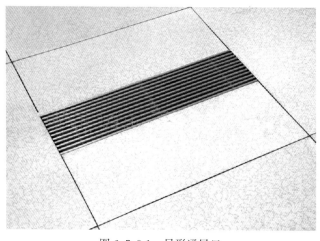

图 6.7.8-1 异形通风口

6.7.9 活动地板应符合设计要求和国家现行有关标准的规定，且应具有耐磨、防潮、阻燃、耐污染、耐老化和导静电等性能。

6.7.10 活动地板面层应排列整齐、表面洁净、色泽一致、接缝均匀、周边顺直。

图 6.7.10-1　活动地板铺装平整洁净、拼缝顺直（1）　　图 6.7-10-2　活动地板铺装平整洁净、拼缝顺直（2）

6.8　金属板面层

6.8.1　金属板面层采用镀锌板、镀锡板、复合钢板、彩色涂层钢板、铸铁板、不锈钢板、铜板及其他合成金属板铺设。

6.8.2　金属板面层及其配件宜使用不锈蚀或经过防锈处理的金属制品。

6.8.3　用于通道（走道）和公共建筑的金属板面层，应按设计要求进行防腐、防滑处理。

6.8.4　金属板面层的接地做法应符合设计要求。

6.8.5　具有磁吸性的金属面层不得用于有磁场所。

6.8.6　金属板表面应无裂痕、刮伤、刮痕、翘曲等外观质量缺陷。

6.8.7　面层应平整、光洁、色泽一致，接缝应均匀，周边应顺直。

6.9　地毯面层

6.9.1　地毯面层应采用地毯块材或卷材，以空铺法或实铺法铺设。

6.9.2　铺设地毯的地面面层（或基层）应坚实、平整、洁净、干燥，无凹坑、麻面、起砂、裂缝，并不得有油污、钉头及其他凸出物。

6.9.3　地毯衬垫应满铺平整，地毯拼缝处不得露底衬。

6.9.4　空铺地毯面层应符合下列要求：

 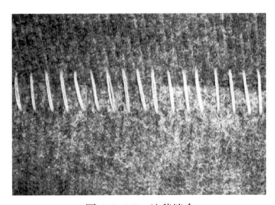

图 6.9.4-1　地毯衬垫　　　　　　　　　　　图 6.9.4-2　地毯缝合

127

（1）块材地毯宜先拼成整块，然后按设计要求铺贴；

（2）块材地毯的铺设，块与块之间应挤紧服帖；

（3）卷材地毯宜先长向缝合，然后按设计要求铺设；

（4）地毯面层的周边应压入踢脚线下；

（5）地毯面层与不同类型的建筑地面面层的连接处，其收口做法应符合设计要求。

图 6.9.4-3　地毯塞入不锈钢踢脚线下

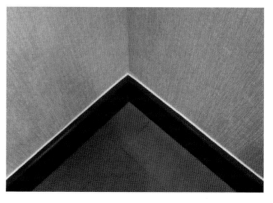

图 6.9.4-4　地毯塞入木踢脚线下

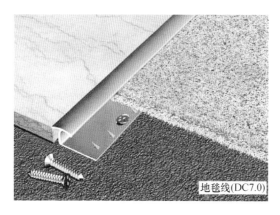

图 6.9.4-5　地毯与地砖交接处做法

图 6.9.4-6　地毯与木地板交接处扣条

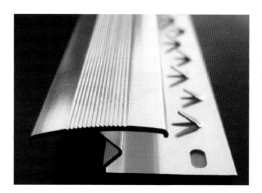

图 6.9.5-1　门口倒刺金属压条

6.9.5　实铺地毯面层应符合下列要求：

（1）实铺地毯面层采用的金属卡条（倒刺板）、金属压条、专用双面胶带、胶粘剂等符合设计要求；

（2）铺设时，地毯的表面层宜张拉适度，四周应采用卡条固定；门口处宜用金属压条或双面胶带固定；

（3）地毯周边应塞入卡条和踢脚线下；

（4）地毯面层采用胶粘剂或双面胶带粘贴时，应与基层粘贴牢固。

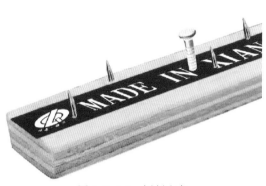

图 6.9.5-2　倒刺木条

图 6.9.5-3　地毯压入踢脚线下

6.9.6　楼梯地毯面层铺设时，梯段顶级（头）地毯周边应固定于平台上，其宽度应不小于标准楼体、台阶踏步的尺寸；阴角处应固定牢固；梯段末级（头）地毯与水平段地毯的连接处应顺畅、牢固。

图 6.9.6-1　台阶处地毯阳角采用金属压条固定

图 6.9.6-2　楼梯踏步地毯阴角采用金属管固定

6.9.7　地毯面层采用的材料进入施工现场时，应有地毯、衬垫、胶粘接中的挥发性有机化合物（VOC）和甲醛向量合格的检测报告。

6.9.8　地毯表面应平服，拼缝处应粘贴牢固、严密平整、图案吻合。

6.9.9　地毯表面不应起鼓、起皱、翘边、卷边、显拼缝、露线和毛边，绒面毛应顺光一致，毯面应洁净、无污染和损伤。

6.9.10　地毯同其他面层连接处、收口处和墙边、柱子周围应顺直、压紧。

图 6.9.10-1　块材地毯接缝严密粘贴平整美观（1）

图 6.9.10-2　块材地毯接缝严密粘贴平整美观（2）

图 6.9.10-3　地毯平整

图 6.9.10-4　地毯平整，拼缝粘贴牢固

图 6.9.10-5　地毯铺贴平整、对花吻合，收口整齐

图 6.9.10-6　地毯铺贴平整

图 6.9.10-7　会议室地毯庄重典雅（1）

图 6.9.10-8　会议室地毯庄重典雅（2）

图 6.9.10-9　宴会厅地毯图案与吊顶图案对应

图 6.9.10-10　地毯与石材地面接缝平整

6.10 地面辐射供暖的板块面层

6.10.1 地面辐射供暖的板块面层宜采用缸砖、陶瓷地砖、花岗石、水磨石板块、人造石板块、塑料板等，应在填充层上铺设。

6.10.2 地面辐射供暖板块的板块面层采用胶粘材料粘贴铺设时，填充层的含水率应符合胶结材料的技术要求。

6.10.3 地面辐射供暖的整体面层铺设时不得扰动填充层，不得向填充层内楔入任何物件。

6.10.4 地面辐射供暖的板块面层采用的材料或产品除应符合设计要求和《建筑地面工程施工质量验收规范》GB 50209 相应面层的规定外，还应具有耐热性、热稳定性、防水、防潮、防霉变等特点。

6.10.5 地面辐射供暖的板块面层的伸缩缝及分格缝应符合设计要求；面层与柱、墙之间应留不小于 10mm 的空隙。

6.10.6 以瓷砖、大理石、花岗岩作为面层时，填充层伸缩缝处宜采用干贴施工。

6.10.7 对于采用预制沟槽保温板或供暖板，铺设石材或瓷砖面层时，预制沟槽保温板及其加热部件上，应铺设厚度不小于 30mm 的水泥砂浆找平层和粘接层；水泥砂浆找平层应加金属网，网格间距不应大于 100mm，金属直径不应小于 1.0mm。

图 6.10.7-1 找平层加设金属网

图 6.10.7-2 找平层金属网

6.10.8 采用发泡水泥绝热层和水泥砂浆填充层时，当面层为瓷砖或石材地面时，填充层和面层应同时施工。

7 木、竹面层铺设

7.1 一般规定

7.1.1 木、竹地板面层下的木搁栅、垫木、垫层地板等采用木材的树种、选材标准和铺设时木材含水率以及防腐、防蛀处理等，均应符合现行国家标准《木结构工程施工质量验收规范》GB 50206 的有关规定。所选用的材料应符合设计要求，进场时应对其断面尺寸、含水率等主要技术指标进行抽检，抽检数量应符合国家现行有关标准的规定。

图 7.1.1-1　木龙骨含水率检测

图 7.1.1-2　木龙骨质量要求

7.1.2　用于固定和加固用的金属零部件应采用不锈蚀或经过防腐处理的金属件。

7.1.3　与厕浴间、厨房灯潮湿场所相邻的木、竹面层的连接处应做防水（防潮）处理。

7.1.4　木、竹面层铺设在水泥类基层上，其基层表面应坚硬、平整、洁净、不起砂，表面含水率不大于 8%。

【备注：混凝土含水率可采用简化方法检验：将 1m² 的卷材平铺在混凝土基层面上，四周用胶带密封，静置 24h 后掀开检查，基层覆盖部位和卷材上未见水印或基层上未见发黑现象，即可进行铺装。】

图 7.1.4-1　基层清理

图 7.1.4-2　基层含水率简易检测方法示意图

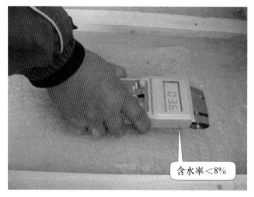

图 7.1.4-3　地面含水率仪器检测

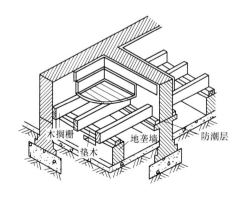

图 7.1.4-4　架空地板构造示意图

132

7.1.5 建筑地面工程的木、竹面层搁栅下架空结构层（或构造层）的质量检验，应符合国家相应现行标准的规定。

7.1.6 木、竹地板面层的允许偏差和检验方法：

木、竹地板面层的允许偏差和检验方法 表 7.1.6-1

项次	项目	允许偏差（mm）				检验方法
		实木地板、实木集成地板、竹地板面层			浸渍纸层压木质地板、实木复合地板、软木类地板面层	
		松木地板	硬木地板竹地板	拼花地板		
1	板面缝隙宽度	1.0	0.5	0.2	0.5	用专用钢尺检查
2	表面平整度	3.0	2.0	2.0	2.0	用2m靠尺和楔形塞尺检查
3	踢脚线上口平齐	3.0	3.0	3.0	3.0	拉5m线和用钢尺检查
4	板面拼缝平直	3.0	3.0	3.0	3.0	
5	相邻板材高差	0.5	0.5	0.5	0.5	用钢尺和楔形塞尺检查
6	踢脚线与面层的接缝	1.0				楔形塞尺检查

图 7.1.6-1 拼缝检查专用塞尺

图 7.1.6-2 拼缝检查示意图

7.1.7 木质地板铺装可采用龙骨铺装法（双层铺装或单层铺装）、悬浮铺装法（软垫层铺装或人造板垫层铺装）、高架铺装法（高架空铺铺装或高架地垄墙铺装）、胶粘直铺法等。

7.1.8 建筑地面工程的木、竹面层搁栅下架空结构层（或构造层）的质量检验，应符合国家相应现行标准的规定。

7.1.9 木、竹面层的通风构造层包括室内通风沟、地面通风孔、室外通风窗等，均应符合设计要求。

7.1.10 地板铺装前应对地板进行选配，宜将纹理、颜色接近的地板集中使用于一个房间或部位。

7.1.11 住宅工程竹、实木地板的木搁栅（木龙骨）应与基层连接牢固，固定点间距不得大于600mm。在龙骨上直接铺装地板时，主次龙骨的间距应根据地板的长宽模数计算确定，地板接缝应在龙骨的中线上。

图 7.1.11-1 龙骨固定（地面弹线确定钉距）

图 7.1.11-2 龙骨固定钢钉间距一致

图 7.1.11-3 运动地板龙骨

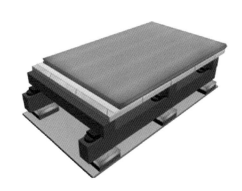

图 7.1.11-4 运动地板龙骨示意图

7.2 实木地板、实木集成地板、竹地板面层

7.2.1 实木地板、实木集成地板、竹地板面层应采用条材或块材或拼花，以空铺或实铺方式在基层上铺设。

图 7.2.1-1 实木地板（1）

图 7.2.1-2 实木地板（2）

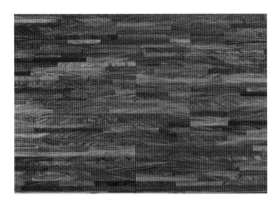

图 7.2.1-3　实木集成地板

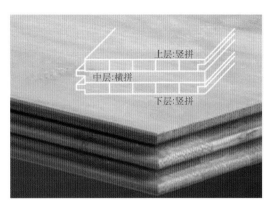

图 7.2.1-4　竹地板构造图

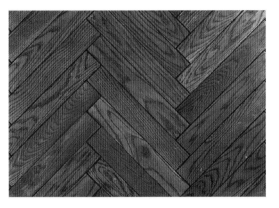

图 7.2.1-5　实木斜铺地板

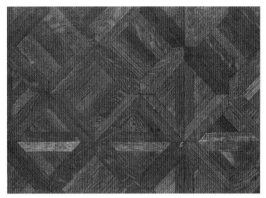

图 7.2.1-6　实木拼花地板

7.2.2　实木地板、实木集成地板、竹地板面层可采用双层面层和单层面层铺设，其厚度应符合设计要求；其选材应符合国家现行有关标准的规定。

7.2.3　铺设实木地板、实木集成地板、竹地板面层时，其木搁栅的截面尺寸、间距和稳固方法等均应符合设计要求。木搁栅固定时，不得损坏基层和预埋管线。木搁栅应垫实钉牢，与柱、墙之间留出 20mm 的缝隙，表面应平直，其间距不宜大于 300mm。

图 7.2.3-1　木搁栅安装示意图

图 7.2.3-2　木搁栅安装检查示意图

7.2.4　当面层下铺设垫层地板时，垫层地板的髓心应向上，板间缝隙不应大于

3mm，与柱、墙之间应留8～12mm的空隙，表面应刨平。

【备注：垫层地板可采用胶合板、中密度纤维板、细木工板、实木板等。人造板材的甲醛释放量应符合E₁级的规定。胶合板等人造板不宜整张铺设，宜分割成4～6片，相邻板块接头应错开，片与片之间留2～3mm缝隙，并按要求设置伸缩缝。采用实木板做垫层地板时，板宽不应大于120mm，板间缝隙不应大于3mm，应与龙骨成30°或45°铺钉，相邻板的接缝应错开。】

图7.2.4-1　人造垫层地板铺设示意图（1）

图7.2.4-2　人造垫层地板铺设示意图（2）

图7.2.4-3　实木垫层地板斜铺示意图

图7.2.4-4　实木垫层地板45°斜铺

7.2.5　实木地板、实木集成地板、竹地板面层铺设时，相邻板材接头位置应错开不小于300mm的距离；与柱、墙面之间应留8～12mm的空隙。

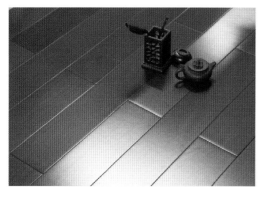

图7.2.5-1　地板接缝错开（1）

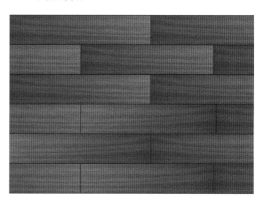

图7.2.5-2　地板接缝错开（2）

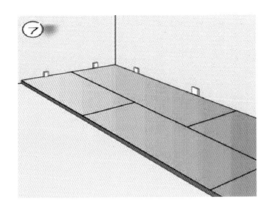

图 7.2.5-3 地板与墙面之间留缝示意图

图 7.2.5-4 地板与墙面之间加木楔留缝

7.2.6 采用实木制作的踢脚线，背面应抽槽并做防腐处理，踢脚线还应钻孔通风，防止踢脚板变形，孔径 6mm，间距 1m。

图 7.2.6-1 实木踢脚线背面抽槽、留通气孔

图 7.2.6-2 实木踢脚线留通气孔

7.2.7 在地板与其他地面材料衔接处，应进行隔断（间隙≥8mm），扣条过渡应安装牢固。地板宽度方向铺设长度≥6m 时，或地板长度方向铺设长度≥15m 时，宜采用合理

图 7.2.7-1 木地板与石材交接处扣条（1）

图 7.2.7-2 木地板与石材交接处扣条（2）

间隔措施，设置伸缩缝并用扣条过渡。靠近门口处，宜设置伸缩缝，并用扣条过渡，门扇底部与扣条间隙不小于3mm，门扇应开闭自如。扣条应安装稳固。

图 7.2.7-3　地板与地砖交接处扣条（1）

图 7.2.7-4　地板与地砖交接处扣条（2）

图 7.2.7-5　门口处扣条（1）

图 7.2.7-6　门口处扣条（2）

图 7.2.7-7　木地板伸缩缝扣条（1）

图 7.2.7-8　木地板伸缩缝扣条（2）

图 7.2.7-9　扣条（1）　　　　　　　　图 7.2.7-10　扣条（2）

7.2.8　实木地板、实木集成地板、竹地板面层采用的材料进入施工现场时，应有以下有害物质限量合格的检测报告：

（1）地板中的游离甲醛（释放量或含量）；

（2）溶剂型胶粘剂中的挥发性有机化合物（VOC）、苯、甲苯＋二甲苯；

（3）水性胶粘剂中的挥发性有机化合物（VOC）和游离甲醛。

7.2.9　木搁栅、垫木和垫层地板等应做防腐、防蛀处理。

7.2.10　木搁栅安装应牢固、平直。

7.2.11　面层铺设应牢固；粘结应无空鼓、松动。

7.2.12　实木地板、实木集成地板、竹地板面层应刨平、磨光，无明显刨痕和毛刺等现象；图案应清晰、颜色应均匀一致。

7.2.13　面层接缝应严密；接头位置应错开，表面应平整、光洁。

7.2.14　面层采用粘、钉工艺时，接缝应对齐，粘、钉应严密；缝隙宽度应均匀一致；表面应洁净，无溢胶现象。

7.2.15　踢脚线应表面光滑，接缝严密，高度一致。

图 7.2.15-1　展厅实木地板　　　　　　图 7.2.15-2　会议室实木地板

图 7.2.15-3　体育场馆实木地板（1）　　　　　图 7.2.15-4　体育场馆实木地板（2）

图 7.2.15-5　竹地板地面（1）　　　　　　　图 7.2.15-6　竹地板地面（2）

图 7.2.15-7　实木踢脚转角接头拼缝严密（1）　　图 7.2.15-8　实木踢脚转角接头拼缝严密（2）

图 7.2.15-9　楼体踏步阳角扣条

图 7.2.15-10　阳角部位扣条

图 7.2.15-11　阳角部位扣条示意图（1）

图 7.2.15-12　阳角部位扣条示意图（2）

7.3　实木复合地板面层

7.3.1　实木复合地板面层采用的材料、铺设方式、铺设方法、厚度以及垫层地板铺设等，要求同实木地板、实木集成地板、竹地板面层的相关要求。

7.3.2　实木复合地板面层应采用空铺法或粘贴法（满粘或点粘）铺设。采用粘贴法铺设时，粘贴材料应按设计要求选用，并应具有耐老化、防水、防菌、无毒等性能。

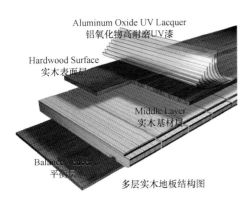

图 7.3.2-1　三层实木地板结构图

图 7.3.2-2　三层实木地板

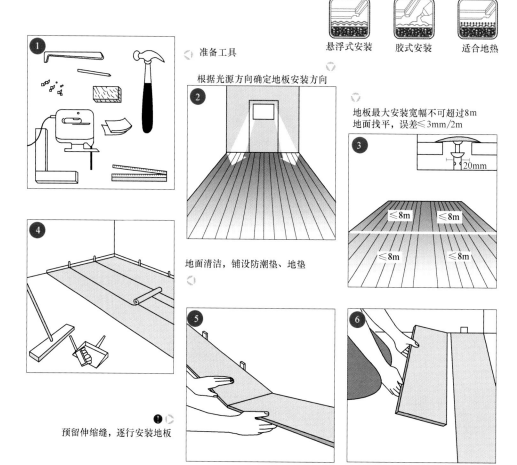

图 7.3.2-3　实木复合地板空铺法安装示意图

7.3.3　实木复合地板面层下衬垫的材料和厚度应符合设计要求（厚度不应小于

图 7.3.3-1　泡沫塑料衬垫接缝用胶带密封

图 7.3.3-2　防潮膜铺设（接缝处胶带密封）

142

2mm）。铺设防潮膜时，防潮膜交接处应重叠 100mm 以上并用胶带粘接严实，墙角上卷 50mm。

7.3.4 实木复合地板面层铺设时，相邻板材接头位置应错开不小于 300mm 的距离；与柱、墙之间应留不小于 10mm 的空隙。当面层采用无龙骨的空铺法铺设时，应在面层与柱、墙之间的空隙内加设金属弹簧卡或木楔子，其间距宜为 200～300mm。

图 7.3.4-1 地板与墙之间加螺旋弹簧卡子　　图 7.3.4-2 地板与墙之间加弹簧钢片卡子

7.3.5 大面积铺设实木复合地板面层时，应分段铺设，分段缝处理应符合设计要求。分段缝的宽度不小于 20mm。一般情况下，地板铺装长度或宽度≥8m 时，应在适当位置进行隔断预留伸缩缝，并用扣条过渡。靠近门口处，宜设置伸缩缝，并用扣条过渡，门扇底部与扣条间隙不小于 3mm，门扇应开闭自如。扣条应安装稳固。

7.3.6 实木复合面层采用的材料进入施工现场时，应有以下有害物质限量合格的检测报告：

（1）地板中的游离甲醛（释放量或含量）；

（2）溶剂型胶粘剂中的挥发性有机化合物（VOC）、苯、甲苯＋二甲苯；

（3）水性胶粘剂中的挥发性有机化合物（VOC）和游离甲醛。

7.3.7 木搁栅、垫木和垫层地板等应做防腐、防蛀处理。

7.3.8 木搁栅安装应牢固、平直。

7.3.9 面层铺设应牢固；粘结应无空鼓、松动。

7.3.10 实木复合地板面层应刨平、磨光，无明显刨痕和毛刺等现象；图案应清晰、颜色应均匀一致。

7.3.11 面层接缝应严密；接头位置应错开，表面应平整、光洁。

7.3.12 面层采用粘、钉工艺时，接缝应对齐，粘、钉应严密；缝隙宽度应均匀一致；表面应洁净，无溢胶现象。

7.3.13 踢脚线应表面光滑，接缝严密，高度一致。

7.4 浸渍纸层压木质地板面层

7.4.1 浸渍纸层压木质地板面层应采用条材或块材，以空铺或粘贴方式在基层上铺设。

7.4.2 浸渍纸层压木质地板面层可采用有垫层地板和无垫层地板的防水铺设。有垫层地板时，垫层地板的材料和厚度应符合设计要求。

7.4.3 浸渍纸层压木质地板面层铺设时，相邻板材接头位置应错开不小于300mm的距离；衬垫层、垫层地板及面层与柱、墙之间均应留出不小于10mm的空隙。

7.4.4 浸渍纸层压木质地板面层采用无龙骨的空铺法铺设时，宜在面层与基层之间设置衬垫层，衬垫层的材料和厚度应符合设计要求；并应在面层与柱、墙之间的空隙内加设金属弹簧卡或木楔子，其间距宜为200～300mm。

7.4.5 浸渍纸层压木质面层采用的材料进入施工现场时，应有以下有害物质限量合格的检测报告：

（1）地板中的游离甲醛（释放量或含量）；

（2）溶剂型胶粘剂中的挥发性有机化合物（VOC）、苯、甲苯＋二甲苯；

（3）水性胶粘剂中的挥发性有机化合物（VOC）和游离甲醛。

7.4.6 木搁栅、垫木和垫层地板等应做防腐、防蛀处理；其安装应牢固、平直，表面应洁净。

7.4.7 浸渍纸层压木质地板面层的图案和颜色应符合设计要求，图案应清晰，颜色应一致，板面应无翘曲。

7.4.8 面层的接头应错开、缝隙应严密、表面应洁净。

7.4.9 踢脚线应表面光滑，接缝严密，高度一致。

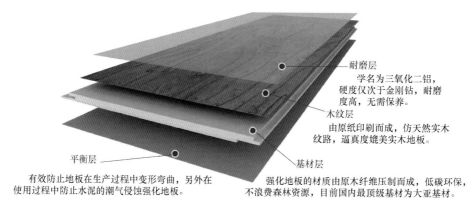

图 7.4.1-1 层压木地板构造图

图 7.4.1-2 层压木地板（1）

图 7.4.1-3 层压木地板（2）

图 7.4.1-4 层压木地板（3）

7.5 软木类地板面层

7.5.1 软木类地板面层应采用软木地板或软木复合地板的条材或块材，在水泥类基层或垫层地板上铺设。其他软木地板面层应采用粘贴方式铺设，软木复合地板面层应采用空铺方式铺设。

图 7.5.1-1 软木地板

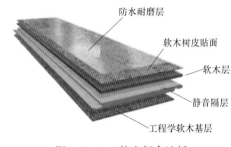

防水耐磨层
软木树皮贴面
软木层
静音隔层
工程学软木基层

图 7.5.1-2 软木复合地板

图 7.5.1-3 软木地板（1）

图 7.5.1-4 软木地板（2）

图 7.5.1-5　软木地板（3）　　　　　　图 7.5.1-6　软木地板（4）

7.5.2　软木类地板面层的垫层地板在铺设时，与柱、墙之间应留不大于 20mm 的空隙，表面应刨平。

7.5.3　软木类地板面层铺设时，相邻板材接头位置应错开不小于 1/3 板长且不小于 200mm 的距离；面层与柱、墙之间应留出 8～12mm 的空隙；软木复合地板面层铺设时，应在面层与柱、墙之间的空隙内加设金属弹簧卡或木楔子，其间距宜为 200～300mm。

7.5.4　软木类地板面层采用的材料进入施工现场时，应有以下有害物质限量合格的检测报告：

（1）地板中的游离甲醛（释放量或含量）；

（2）溶剂型胶粘剂中的挥发性有机化合物（VOC）、苯、甲苯＋二甲苯；

（3）水性胶粘剂中的挥发性有机化合物（VOC）和游离甲醛。

7.5.5　木搁栅、垫木和垫层地板等应做防腐、防蛀处理；其安装应牢固、平直，表面应洁净。

7.5.6　面层铺设应牢固；粘结应无空鼓、松动。

7.5.7　软木类地板面层缝隙应均匀，接头位置应错开，表面应洁净。

7.5.8　踢脚线应表面光滑，接缝严密，高度一致。

7.6　地面辐射供暖的木板面层

7.6.1　地面辐射供暖的木板面层宜采用实木复合地板、浸渍纸层压木质地板等，应在填充层上铺设。

7.6.2　地面辐射供暖的木板面层可采用空铺法或胶粘法（满粘或点粘）铺设。当面层设置垫层地板时，垫层地板的材料和厚度应符合设计要求。

7.6.3　与填充层接触的龙骨、垫层地板、面层地板等应采用胶粘法铺设。铺设时填充层的含水率应符合胶粘剂的技术要求。

7.6.4　地面辐射供暖的木板面层铺设时不得扰动填充层，不得向填充层内楔入任何物件。

7.6.5　地面辐射供暖的木板面层与柱、墙之间应留不小于 14mm 的伸缩缝，伸缩缝应从填充层的上边缘做到高出面层上表面 10～20mm，面层敷设完毕后，应裁去伸缩缝多余部分；伸缩缝填充材料宜采用高发泡聚乙烯泡沫塑料。当采用无龙骨的空铺法铺设时，应在空隙内加设金属弹簧卡或木楔子，其间距宜为200～300mm。

7.6.6　当地板面积超过30m² 或长度超过6m时，分段缝的间距不宜大于6m，分段缝的宽度不宜小于5mm。当地板面积较大时，分段缝的间距可适当增大，但不宜超过10m。

7.6.7　地面辐射供暖的木板面层采用无龙骨的空铺法铺设时，应在填充层上铺设一层耐热防潮纸（布）。防潮纸（布）应采用胶粘搭接，搭接尺寸应合理，铺设后表面应平整，无褶皱。

7.6.8　以木地板作为面层时，木材应经过干燥处理，且应在填充层和找平层完全干燥后进行木地板施工。

8　汽　车　坡　道

8.0.1　汽车库内当通车道纵向坡度大于10％时，坡道上、下端均应设缓坡。其直线缓坡段的水平长度不应小于3.6m，缓坡坡度应为坡道坡度的1/2。曲线缓坡段的水平长度不应小于2.4m，曲线的半径不应小于20m，缓坡段的中点为坡道原起点或止点。

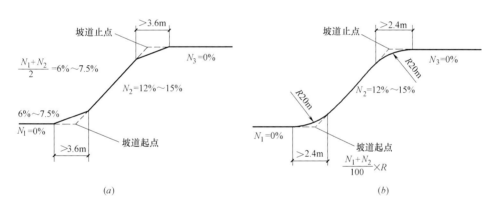

图8.0.1-1　缓坡示意图
（a）直线缓坡；（b）曲线缓坡

8.0.2　汽车环形坡道除纵向坡度应符合要求外，还应于坡道横向设置超高，超高可按下列公式计算。

$$i_C = \frac{V^2}{127R} - \mu$$

式中　V——设计车速（km/h）；

R——环道平曲线半径（取到坡道中心线半径）；

μ——横向力系数，宜为0.1～0.15；

i_C——超高即横向坡度，宜为2％～6％。

8.0.3　当坡道横向内、外侧如无墙时，应设护栏和道牙，单行道德道牙宽度不应小于0.3m。双行道中宜设宽度不应小于0.6m的道牙，道牙的高度不应小于0.15m。

8.0.4　坡道面层应进行防滑处理。

图 8.0.4-1　环氧防滑坡道（1）

图 8.0.4-2　环氧防滑坡道（2）

图 8.0.4-3　花岗石防滑坡道（1）

图 8.0.4-4　花岗石防滑坡道（2）

图 8.0.4-5　细石混凝土防滑坡道（1）

图 8.0.4-6　细石混凝土防滑坡道（2）

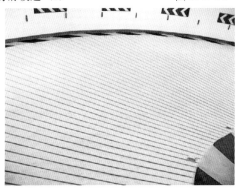

图 8.0.4-7　细石混凝土凹槽防滑坡道